筑·美03 2017年第1期 总第3期

主办单位：
全国高等学校建筑学学科专业指导委员会美术教学工作委员会
东南大学建筑学院
中国建筑工业出版社

顾　问：
吴良镛　齐　康　钟训正　彭一刚　戴复东
仲德崑　王建国　韩东青　胡永旭

主　编：
赵　军

副 主 编：
贾倍思

编 委 会（按姓氏笔画排序）：
王　兵　王义明　王冠英　冯信群　邬烈炎
阴　佳　李东禧　李学斌　陈　曦　周宏智
周建华　唐　文　唐　旭　郑庆和　赵　军
胡　伟　段渊古　袁柳军　贾倍思　顾大庆
钱大经　高　冬　高文漪　董　雅　彭　军
傅　凯　温庆武　曾　琼　靳　超　薛星慧

秘　书：
朱　丹　曾　伟　张　华

责任编辑：唐　旭　李东禧　张　华
责任校对：焦　乐　张　颖
设计制作：北京锋尚制版有限公司
出版发行：中国建筑工业出版社
经销单位：各地新华书店、建筑书店

印刷：北京方嘉彩色印刷有限责任公司
开本：880×1230 毫米 1/16　印张：9½　字数：430 千字
2017 年 10 月第一版　2017 年 10 月第一次印刷
定价：98.00 元
ISBN 978-7-112-21239-2
　　　（30881）

图书在版编目（CIP）数据

　筑·美03／赵军主编.—北京：中国建筑工业出版
社，2017.11
　ISBN　978−7−112−21239−2

　Ⅰ．①筑…　Ⅱ．①赵…　Ⅲ．①建筑艺术−绘画技法
Ⅳ．①TU204.11

中国版本图书馆CIP数据核字（2017）第228416号

筑·美

我们对艺术作品有一个很高的要求——雅俗共赏。据说这个词来自明代的孙仁孺《东郭记·绵驹》："闻得有绵驹善歌，雅俗共赏矣。"朱自清先生也写过一篇题为《论雅俗共赏》的文章，主张文艺作品要倾向于人民大众的欣赏品位。这在那个时代，是有进步意义的。齐白石也是那个时代具有代表性的艺术家之一。他可以将民间艺术融入文人画。他的画举重若轻，充满了民间生活气息，幽默童趣而不失高雅。

文艺复兴以前，西方的艺术大多和宗教有关，我们称之为"文以载道"。文艺复兴之后，宗教题材的绘画充满了人情味。在所有的宗教画中，以"抱着耶稣的圣母"为题材的画数量最多，最为人喜爱，也最能做到雅俗共赏。其原因据说是随着观赏者的不同，观赏角度的不同，"圣母"体现了不同的女性角色。即使不信也不懂基督教的中国观众，也可以被拉斐尔的"圣母"所感动。

雅俗共赏强调的是观众和欣赏的行为。没有观众的欣赏，艺术的过程就不可能完成。这个现象被当作艺术的本质，在现代艺术中广泛应用。也就是说，艺术需要观众的参与创作。观众不是简单地接受艺术家的观念，更不是单纯欣赏艺术家的技法。本期《论观念艺术与景观设计》一文谈的是在否定技法上最极端者之一——杜尚。

让观众参与创作的方法之一是将作品画得抽象一些，由观众自己靠自己的眼力和想象来将作品具象化。中国的大写意水墨画就是这方面的先驱者，当画到似与不似之间时，笔触和水墨本身也成了渲染气氛的手段。"我渐渐明白写生其实是画家在造一个'画境'，一个似与不似之间的梦乡，是画家在构筑内心世界的那个风景，现实的景色只是构筑画境的一个线索而已"（靳 超：《写生与画境——油画风景写生的一点感受》）。而西方艺术家却很晚才意识到笔触的重要，虽然笔触一直存在。

让观众参与创作的另一个方法是艺术本身的大众化。20世纪民间艺术、民间工艺，甚至街头的涂鸦进入了博物馆。和齐白石一样，毕加索也借鉴民间艺术，只不过借鉴的是非洲民间雕塑。除了借用非洲雕塑本身夸张的表现力之外，毕加索成功地用当时欧洲人认为没有艺术基本功训练的、殖民地和奴隶的工匠作品，冲击了传统的欧洲具象艺术。他不仅打开了新的艺术领域，而且丰富了油画的表现手法——油画也可以有吴昌硕的大写意线条了；更重要的是他拓宽了美学范畴，即丑也是一种美。

虽然齐白石和毕加索都借鉴民间艺术，都是用一颗童心重新拉近艺术和观众的距离，但他们并没有因此而变成民间艺术家。相反，有时更加显得高深莫测。这又是为什么呢？也许雅俗共赏并非是"投其所好"这么简单，更不是要让"雅"变"俗"；而是要两者都在艺术欣赏过程中，努力开拓自己的思维，锐化自己的眼力，提高艺术的参与能力，并在过程中得到满足。在这个过程中，艺术家自己必须是开拓者、挑战者和领导者。艺术家靠的是智慧而不仅是技法。《寓意"筑"像——建筑摄影之多重曝光探索》详细描述了作者为读者创造多重解读的机会，至少摄影可以比我们想象的复杂得多。

然而，这些和环境、建筑有什么关系呢？建筑史和艺术史是分不开的，就像建筑和艺术分不开一样。《北京故宫文渊阁碑亭彩画复原设计研究》详细介绍了中国建筑结构上的美术，与当今片面强调"建构"的现代主义教条形成鲜明的对比。《比较视域下佛罗伦萨公共艺术的价值启示》和《美在城市空间中蔓延》分别探讨了艺术在传统的西方城市和当今中国城市中的运用。中国的欧陆风格别墅就像传统具象的欧洲油画，华美的背后是强加的思维模式。居住者的生活之奢靡犹如观赏者思维之懒惰，生活中欠缺的是个性、创意和自主精神。绘画的意境犹如建筑的氛围。画家的笔触犹如建筑师的材料布置。20世纪建筑史研究从纪念性建筑逐渐转向民居，几乎和艺术史对民间艺术史研究的发展同步。当然，艺术对建筑和环境设计的借鉴作用不限于此，包括王建国院士在内的许多作者都认同艺术修养对设计者之重要。

希望有一天，《筑·美》也能突破专业壁垒，成为雅俗共赏的杂志。

贾倍思

筑·美

目录

教育论坛
Education Forum

匠心谈艺
On Art

大师平台
Masters

of
Architecture

建筑设计的"内外兼修"

文 / 王建国

在我们读大学那会儿,建筑设计课程基本考虑以平面布置为代表的功能布局、立面及剖面设计,基本不涉及室内环境设计的考虑。到后来我考一级注册建筑师专业资格时,才考到室内灯具布置和空调出风口布置等内容。今天,在报纸广告页我们可以经常看到铺天盖地的室内家装广告,我曾经设计过的一些建筑的室内也多半是由业主另外委托设计的,这似乎说明建筑设计与室内设计好像一直是分离的。

然而考察历史,不难发现,古今中外优秀的建筑作品的设计都是"内外兼修"的。20世纪90年代,我曾经造访西方建筑的经典之作罗马万神庙,当时一缕阳光掠过穹顶圆洞,径直照射在由古典立柱支撑的寂静、幽暗、直径达43米的圆穹建筑中,造成极其强烈的明暗对比和戏剧性效果,建筑内外界限经由"天地对话"的自然之力而荡然无存(图1)。这时,我就对以往人们通常所共有的建筑内外泾渭分明的认识产生了动摇。事实上,建筑的外观和内观是一体的两面。后来,进一步又认识到内外之间还存在具有更为复杂的中介性空间,而"内"和"外"也是相对的。如欧

图1 万神庙
图2 河南博物馆

1

2

3

5

4

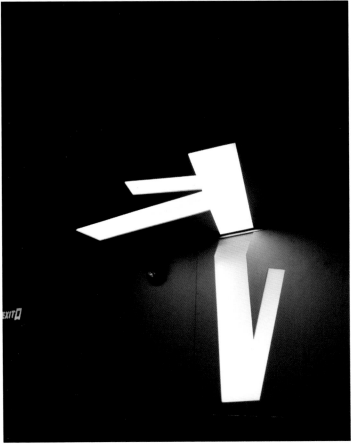

6

洲城市的商业拱廊、日本数寄屋茶室的"缘侧"空间、南洋地区商业建筑的"骑楼"及中国园林中大量承担"起承转合"功能的过渡空间等。很多建筑大作所呈现的内外分分合合的扑朔迷离正是建筑师所钟爱的一种状态，也与人们高品质生活不可分离。

我早年跟随齐康先生参加河南博物院建筑设计时，齐先生坚持要把室内公共空间部分一起进行整体设计，并在入口主要空间序列的尽端设置了"黄河之水天上来"的主题，很好地反映了"中原之气"建筑设计概念的连续性。回想起来，我当时并没有什么特别的感觉，后来才越来越认识到建筑室内设计与建筑整体性的重要性（图2）。

通常，建筑师总是用围护物区分建筑的室内和室外，亦即所谓的"遮蔽物"，这意味着几层含义：

第一，由于不同的使用主体（一般是人）对围护结构内外的环境感知和要求并不相同，因此"遮蔽物"首先是抵御自然风雨和生存需要，建筑内外对使用主体而言，空间尺度、细节构造、材料选择、人感知的热舒适度和环境可控制性是完全不同的，因此设计策略也有很大区别。

第二，曾经在新中国成立后相当长的一段时间，因为国家经济财力有限，设定了较低的建筑标准。此时，除了公共建筑之外，一般民用建筑和工业建筑是没有什么专门的室内设计，后者实际上就是一个纯粹的功能主义的遮蔽物。住宅的"精装修"则是住宅1998年商品化以后出现的事了。

第三，室内设计在空间组织、动线安排、材料构造使用、环境氛围营造、特别是在与人们感知体验联系的密切程度上，有时比建筑设计更复杂。室内设计所营造的环境氛围也具有特殊的精神性。正如安藤忠雄对瓦格纳的代表作维也纳邮政储蓄银行(1905年)设计所做的评价那样，它"带着经由毛玻璃渗透进来的神奇光线，对我来说，似乎完全表达了20世纪末的那种迷惘两可的内在力量"。

然而，一个好的建筑设计总是试图跨越简单的"遮蔽物"，更多地进入建筑内外整体性的塑造中，内外相依、以内当外或者以外当内。柯布西耶以及后来的路易斯康及安藤忠雄的作品，从空间构成的逻辑、人流动线组织、材料选择和材质运用及室内环境营造都清晰地表达出建筑室内外设计的内恰性。格雷夫斯的迈阿密迪士尼酒店设计不仅包含了室内部分，甚至连酒店的家具、餐具、信封信笺、纺织制品等的设计也都由他亲力亲为。格雷夫斯设计的具有后现代风格的厨房用具一直是很多人钟爱的器物，我曾经买过他设计的水壶，估计真正拿它来烧水的不多，反正我就是买来放书架上作艺术品陈设的。密斯、柯布、赖

图 3 南京佛手湖四方美术馆外观
图 4 南京佛手湖四方美术馆室内
图 5 深圳万科总部外景
图 6 深圳万科总部室内以建筑平面作为母题的设计

7

图7 南京牛首山游客
中心
图8 南京牛首山游客
中心室内

8

特、阿尔托等设计了20世纪众多经典家具及其周边陈设，表达了建筑师对室内环境和器具的浓厚兴趣。2016年8月，我和家人造访南京佛手湖现代建筑实践展，看到霍尔设计的四方美术馆的建筑室内没有任何多余的装饰，几乎就是建筑设计向室内的自然延展，不锈钢门把手也由建筑师亲自设计成建筑平面的造型，增加了建筑概念母题的表达（图3、图4）。他的另一个作品深圳的万科公司总部则在电梯厅采用了类似的设计（图5、图6）。前两年，我们在南京牛首山东入口游客服务中心建筑设计时，也同样把室内设计与建筑设计紧密结合起来，得到了比较完整的室内外交融的效果（图7、图8）。

当然，由于现代技术发展分工越来越细，室内陈设和室内设计也早已经成为独立的专业。建筑师在应对业主对室内特殊和复杂的建筑功能满足和环境气氛营造方面，有时也会捉襟见肘，毕竟术业有专攻，在强调建筑设计关注室内外整体性的同时，过分强调建筑师的全能也不一定对。但无论如何，设计建筑时应该室内外一起整体考虑，做到"内外兼修"一定是建筑完成度得以实现的重要保障。筑·美

王建国　中国工程院院士，全国高等学校建筑学学科专业指导委员会主任，东南大学建筑学院教授

王建国
美术作品

图 1 《Colored Charcoal 人像习作》
图 2 《福建大田县建设镇澄江村琵琶堡》
图 3 《上海浦东新场镇小景》
图 4 《海鸥潭效果图》

2

3

4

6

图 5 《安徽皖南唐模》
图 6 《法国雷恩》
图 7 《法国雷恩城郊磨坊酒店》
图 8 《苏黎世》
图 9 《毛里求斯海滨 LE SUFFREN 酒店》

5

7

8

9

Art 教育论坛
Education Forum

of
Architecture

更新中的创造
——法国两所院校的旧建筑改造课题解读

文 / 韩巍

摘　要： 本文以"更新中的创造—法国两所院校旧建筑改造课题解读"为论题，从课题的产生与概况、法国旧建筑改造课题解读等多方面进行了详细的论述。并通过相关实例的引证、考察以及与法国师生的交流，分析出法国两所院校相关课程教学中所存在特点。

关键词： 传统与现代　课题交流　解析

在我们正迈步走向21世纪的今天，城市环境形象已经越来越成为人们关心的热点。从城市建筑环境形象等多个角度考虑，提高城市及其相关环境的科学化、合理化和完善化的程度，已经成为世界各国在城市设计与建设中的重要问题。然而，随着城市建设的不断发展，商业文化的冲击，一些珍贵的历史文化资源渐渐从人们的视线中消失，更多的资源无法作为城市的亮点得到充分展示，被现代化的城市文明所淹没，历史文化与民众的距离、隔阂也日益加大。人们在寻求，在期望。期望在环境形象改善的同时，创造出符合现代生活的物质功能、心理特性以及能够承载重要历史文化、地域文化的城市环境。

城市中的旧建筑是人类社会历史的显现，是人类文化的活化石。它的逐步形成、发展以及繁荣的过程无疑都反映了它所处的那个时代的光辉历史。它的风貌，它的内涵，它的结构，它的空间格局乃至它的室内空间形式特征同样都是其时代文明的外现。在一个新的时代，作为承载历史痕迹的建筑将如何去体现其新的时代特征；如何去适应城市人类生活基本空间；如何去解决城市环境的整体形象；如何去提供人们精神文化生活和舒适愉悦的条件，都是我们所应该去关注的问题。

一、课题的产生与概况

课题研究源于一次在法国巴黎的访学与交流活动，为了深入了解法国相关院校是如何展开的旧建筑改造的课题研究，在巴黎期间，我们先后访问了历史悠久的法国布尔学院与奥利维耶·德赛尔设计学院，并对他们的教学以及设计创作进行了详细的调研。

法国巴黎布尔学院诞生于工业革命时期，距今已

有一百多年的历史。主要专业设置有空间设计、平面设计、工程设计、建筑与室内设计、工业设计、手工艺设计、木家具设计等。老师的教学均在不同的工作室进行，有些工作室就犹如一个小型的工厂。布尔学院此次的旧建筑改造课题是由建筑与室内设计专业的学生完成的，课题是冶金工厂的改造。在建筑与室内设计工作室我们看到了很多为课题设计制作的模型、图纸以及调研成果。从中我们深深感受到了教师以及学生对所做空间研究的深入程度。

法国奥利维耶·德赛尔学院也是法国著名的设计学院之一，其校园的主体建筑为现代主义建筑大师柯布西耶所设计。一进校园我们就被大师的建筑空间形态所震撼。奥利维耶·德赛尔学院是以其建筑与室内设计以及手工艺设计闻名于法国的。特别是其建筑设计、首饰工艺设计以及艺术玻璃工艺设计给我们留下了深刻的印象。此次的旧建筑改造课题是由建筑与室内设计专业的学生完成，以文化空间·马恩河畔的节日作为主题展开。

二、旧建筑改造的课题解读

由法国布尔学院和奥利维耶·德赛尔学院建筑与设计室内专业学生设计研究的旧建筑改造的课题共创作了50多幅版面。布尔学院为这次课题准备了八套方案，奥利维耶·德赛尔设计学院为这次课题准备了九套方案。本文中我们各列举了二个课题方案进行解析。

（一）布尔学院课题内容：冶金厂房的重新改造

1.课题展开的背景

该课题的目的是要求学生重新改造位于巴黎市中

心的一处工业厂房。建筑物原为冶金工厂，坐落于老巴黎市的工业区内，在这之前曾是一个铜管乐器手工制造厂。1936年（lusine Couesnon et Gautrot）工厂为了扩大再生产搬迁到了郊区。于是此地成为了"冶金兄弟集团公司"的联合组织的所在地，同时它也成为了巴黎工会运动的象征和许多工会组织的庇护所。

这里的建筑大多数建于1881年到1883年，工厂搬迁后这里逐渐形成了一个人口密集的区域，各种各样的工作室、店铺、仓库、办公室和居民房在这个空间里共同发展。在这最近的十年中，近十几家地区联合组织为了维护此处历史环境，重新建造此地形成大众文化活动的场所。在此次维护活动中，为使建筑物的正立面和屋顶免遭破坏，这两部分也被额外列入了历史文物财产的清单中。

2000年经过"冶金兄弟集团公司"的同意，巴黎市第十一区区政府购买回此座冶金厂房。区政府重组了"冶金委员会"（由各类协会和本区居民组成），并委派他们领导此次改造任务。改造任务的目的是构想一个"未来的冶金工厂"，这里将成为各类协会和本区居民用来传播信息、发明创新、相互交流的场所。

2. 课题的规划现状

该建筑的主立面朝着Jean.PierreTim-baud路，建筑形态具有一个19世纪末工业建筑的典型式样，它综合了钢铁梁柱的构造和以石块、砂浆为材料的墙面。布尔学院的学生在项目内容的范围内选择了大厅作为主要研究对象（即把旧大厅改为展览厅），还有前厅二楼的通道入口，总共约1500平方米，再加上约500平方米地下室。学生所选的这部分空间在20世纪曾经历了很多次的改造，因此改造现状为：前厅的屋顶已被封闭，二楼的过道被堵塞；大厅的玻璃天窗已被吊顶遮掩。因此，设计方案主旨是：还给此地一个新的空间，使之重见天日。大厅的设计将会成为整个方案的生命：这里将是一个多功能的大厅，全年有着各类接连不断的活动，如展览会、演讲会，专家讨论会、表演、时装发布会、庆祝会等，因此具有多变性和机动灵活性是大厅设计的首要目的。

3. 课题的要求

学生遵循了以下内容进行设计：一个具有多功能的空间（最小600平方米），可被用作展览厅、表演厅、庆祝会的空间，有时还可搭建成阶梯舞台（约有200个座位）。需设有咖啡厅、酒吧、接待处、查询处，尽可能地提供上网查询服务（最小150平方米）。公共卫生间，男、女、残疾人（6平方米+6平方米+2平方米），总共约50平方米。一个储藏室，可放置搭建拆卸展厅用的工具

和材料。设计方案所构思的展览厅要求是一个既有稳定性又有变化的空间。要求必须添加残疾人设施，以及常规的安全措施，如防火系统。

4. 课题的方案1：多变的空间

"冶金工厂"是钢铁结构建筑的典型代表，同时对巴黎居民来说也是一种珍贵的文物财产。改造任务的目的是将这里转变成传播信息、发明创新、相互交流的空间，具有多变性、机动灵活性是设计方案的关键。因此，该设计方案的理念是尽可能使整个大厅空间能转变成各式各样的多功能厅。设计者主要是通过简单地移动横向和纵向的隔板来实现。人们将在一个充满阳光的空间里穿梭，这里可安排类似学术演讲活动、展览会等，光线较暗的空间可作为放映室，还有一部分偏远的空间可安排一些私人活动。整个设计保留了原建筑物的结构，大厅二层过道和屋顶上悬挂着许多钢轨，在上面安装上滑动槽和纵向、横向的移动隔板。当滑动隔板所发出的声音在大厅里回响时，整个钢铁建筑结构的特征得到了升华。（图1~图6）

5. 课题的方案2：氧气的空间

"未来的冶金工厂"应该被构想成一个有多种学科活动并存的地方。具有多变性、机动灵活性是设计该方案的首要条件。该方案的特别构思之处就在于能迅速形成一封

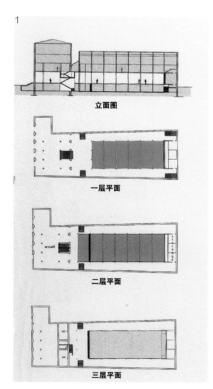

立面图

一层平面

二层平面

三层平面

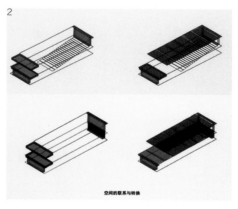

空间的联系与转换

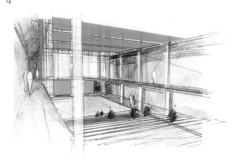

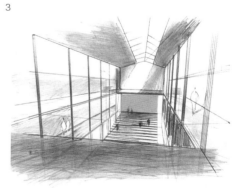

图1 多变的空间方案的平、立面图
图2 空间的联系与转换
图3 交通空间效果
图4 视听空间效果

5

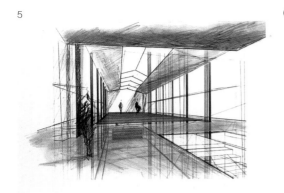

6

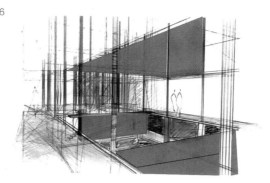

闭空间，它具有大的尺度，轻微的重量，可在有限的空间内争取最大限度。空间的限定是通过固定以蜂状薄膜为材料的气球体来实现的。它们的材料色彩非常醒目，设计构想来源参照了20纪六七十年代groupe Archigram（建筑师的组合名称）的"游戏世界"的构思。由蜂状薄膜做成的气球体与十九世纪的传统建筑形成了鲜明的对比。

前厅有一个规模较大的气球体（由多边形的充气层组成），好像悬挂在两层楼板之间，它给人们提供了不同寻常的休息空间。为了与这个气球体休息室发生直接的联系，酒吧、因特网服务区都被安排在二楼的纵向过道上。在大厅里还有几个大体量的气球体，

它们可作为储藏室，同时也可满足各类不同活动的需要（只需给它气压），如展览会，演讲会，科学研讨会等。另外，一排排充气椅子是固定在可移动的楼板上。（图7~图10）

（二）奥利维耶·德赛尔设计学院课题内容：文化空间·马恩河畔的节日

课题展开的背景：

该课题的目的是要求学生重新改造位于巴黎东边马恩河畔的一处建筑与相关环境。马恩JOIRRVILLE（城市名）属于巴黎东边马恩河畔的一个市镇。从19世纪开始这里便成了巴黎人消遣娱乐的首选之地。巴黎

7

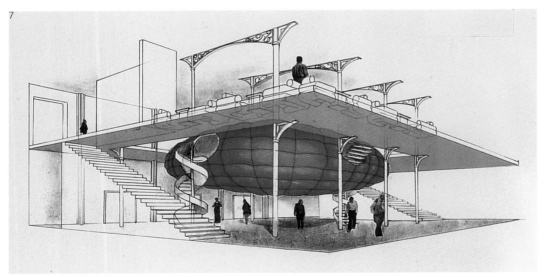

8

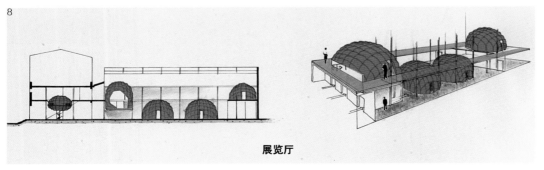

展览厅

图 5 会议空间效果
图 6 接待空间效果
图 7 氧气的空间方案效果
图 8 展览厅的效果与立面

人开始把自己浪漫迷人的度假别墅放在马恩河畔，在那儿人们可以进行许多的体育活动和游戏活动，如有划船区、浴场、舞厅、小咖啡馆等。这些地方逐渐发展成为马恩河畔的一个休闲好去处。著名作家莫泊桑和左拉都曾经在此地写下很多作品。20世纪初随着马恩河畔第一个CHARLES PATHE电影城的确立，此地变得越来越有人气，直到20世纪60年代都可算得上是世界电影之都之一。

1. 课题的规划现状

此建筑物建于20世纪初，为钢铁构架、砖墙以及砖瓦屋顶。一层、二层、三层被作为专用空间，如储藏室、衣帽间、卫生间。建筑物的一面墙没有窗，而朝着CHARLES PATHE路的屋面与墙要求另加处理。

建筑改造的结果是要形成一个长期性活动的文化中心（博物馆、咖啡音乐茶座、美食餐饮、图书馆、表演厅），要求能够体现原有历史意义和环境，但同时也是一个有活力、有气氛的地方。在那儿人们可以品尝美酒佳肴或参加各种各样的文化娱乐活动。因此，设计需要保持和促进大众文化的进一步发展，并补充电影文化与品味生活两方面的内容。文化中心的来访对象范围很广，如散步的家庭、沿岸的居民、学生、美食家、通俗舞业余爱好者等。夏季，马恩各地政府将会围绕"河畔的生活"这个主题开展丰富多彩的短期性活动（魔术杂技表演、音乐会、舞会、电影、水上运动、散步等），"马恩河畔的节日"因此得名。

2. 课题要求

方案设计要求必须在遵守原建筑结构的基础上进行，大门入口要求设在二楼。室外空间安排要求有一条导向性的通道，可通往CHARLES PATHE路，另有规划一处花园区，可通向马恩河畔。

要求提供与此地有关的文字与段落、简要的图表或缩小比例的平面图，能表达你设计意愿的速写。提纲要领的说明你的思考方向和采取何种方法进行研究。彩色模型以及所采用的材料样板（比例1：50）。

根据已选定的部分空间，进一步深入发展。要求有平面图、剖面图、立面图、彩色效果图、节点大样图等。所有相关资料应说明所建议采用的材料及其发展，你所希望营造的环境气氛，照明系统的安排及色彩的选择。要求有一段简短的补充性说明文字，有助于对你的主题和设计方案更好的理解。

3. 课题的方案1：马恩河上的阳台

此方案设计是在本着尊重所选建筑物原

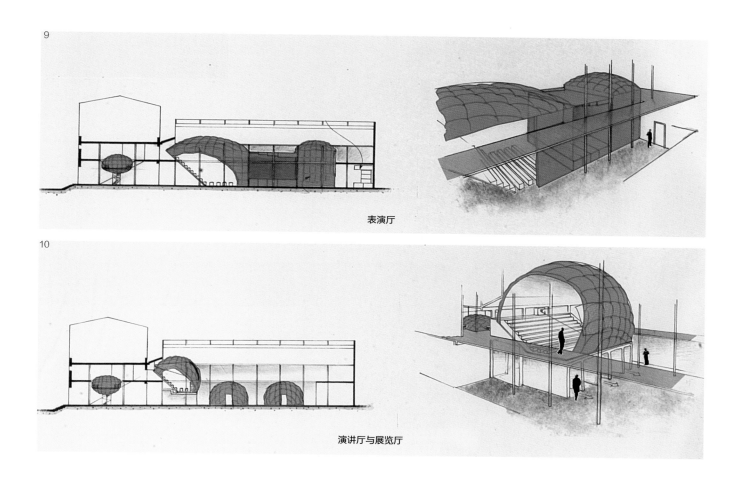

表演厅

演讲厅与展览厅

图9 表演厅的效果与立面
图10 演讲厅与展览厅的效果与立面

有朴实的个性以及保持其原有特色的原则下着手进行的。设计不涉及改变原有的结构与造型，而主要着重于处理此建筑物与马恩河周边环境的关系问题，突出所选地的风景优势。室外的亭子分布在花园的中轴线上，这样的布局关系一直延续到了建筑的中心位置，由此而划分了整个空间。室内外联系的建立是从入口的小路、门厅的位置开始，一直引导人们来到风景最好的位置。河畔的露天咖啡座，就好像一张含有诚意的请柬。室内的布局安排是参照了小咖啡馆的群落，为了欢度节日而迅速搭建临时性建筑。所选用的材料如：金属、玻璃、木地板以及回收的旧家具。（图11~图15）

4. 课题的方案2：拆与建

所选地位于马恩（城市名），这里最大的特色是有许多小咖啡馆群落。根据资料分析（图片、旧明信片），设计者得到的结论是整个环境杂乱无章，缺乏稳定性，尤其是室内外空间的关系处理上更为明显。所选的建筑物处于工业建筑的废墟之中，会让人感到一种不稳定的因素。该建筑形式是钢架结构和砖墙组合而成，因此具有自己的风格与特色。

拆与建是该设计方案的主题。设计者在规划中拆除了部分砖墙以及利用回收的废弃材料，露出建筑原有的钢铁构架，再加上种植植物，使建

11
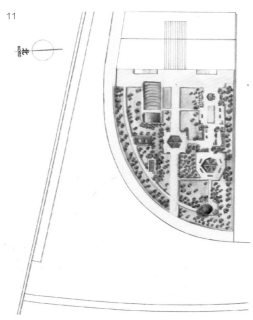

12
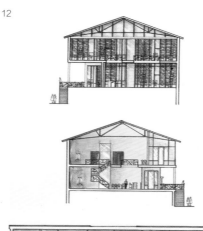

13

14

15

图 11 马恩河上的阳台方案的基地总平面
图 12 建筑立面图
图 13 室外花园的视角
图 14 建筑外观的视角
图 15 室内场景草图

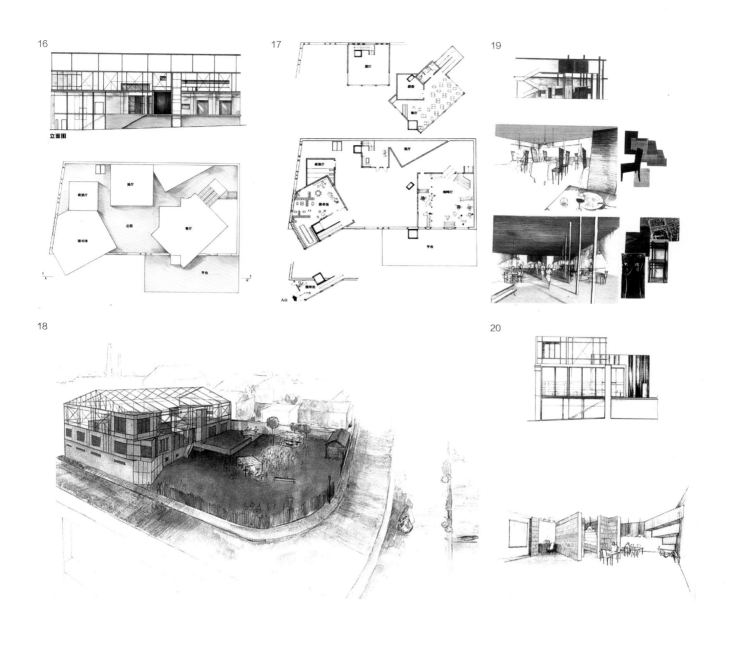

16

立面图

17

19

18

20

筑同时拥有了室内外两个空间，这些灵感都来源于小咖啡馆群落，被拆掉的部分参照小咖啡群馆群落杂乱无章的感觉，形成高低错落。重建时所有空间的布局是根据功能的不同划分成几个自由的单体，它们的造型都为几何体，这就形成了稳定、扎实、没有嘈杂以及协调统一的感觉。(图16～图20)

三、结语

从以上设计课题的整体分析来看，法国院校在设计教育中有着自己的特点。首先，法国学生对课题的思考方式没有过多复杂和繁琐的模式；其次，课题所体现的设计观念很纯粹。他们更多地关注的是设计的过程以及他们在设计时所经过的思维路径。他们把这种设计的过程、思维路径与课题的完整表达关联在一起，因为，最终的表达效果对他们来说并不十分重要，只要能充分反映出课题的设计过程就行了。

因此，通过课题的研究我们认识到：旧建筑改造课题以及相关的设计课程教学存在着很多途径。我们研究法国院校课题设计的目的并不是完全学习这些院校所展开的设计形式，而是要学习这些院校的思考方法、设计过程、分析问题的方式，从而更加完善自己。 筑·美

韩 巍 南京艺术学院教授

图 16 拆与建方案的空间平立面
图 17 建筑空间的平面分解示意
图 18 拆与建方案整体的效果
图 19 餐厅与咖啡厅的空间视角与立面
图 20 图书馆的空间视角与立面

教育论坛 | Education Forum

建筑类高校建筑美术基础课程教学改革

文 / 朱军

摘　要： 本文针对国内建筑类院校建筑美术基础教学的现状，根据美术基础课程学习的内容分析和研究以往教学的经验与不足，结合相关各专业特点，研究美术基础教学平台在建筑设计、城市规划设计、工业设计和园林设计等各个专业中所承担的作用及应用效果，逐步明确各个专业对美术基础课所需的知识与能力要求。提出美术基础教学平台如何设置得更加科学、合理，然后有针对性地逐步进行课程改革，对不同专业进行不同的教学内容、教学方法等改变，目的是使建筑美术基础教学能有更好地为各设计专业服务。

关键词： 建筑类高校　专业设置　建筑美术基础教学

一、引言

目前国内建筑类高校中专业设置有许相同之处，如建筑设计、城市规划设计和艺术设计等专业同设在一个学院内（有的院校还有园林、古建等专业等）。由于不同设计专业存在不同的教学特点，在以后的专业学习和发展方向上也有很大差别，在专业学习中对学生美术方面的要求也不尽相同，所以应根据不同设计专业的特点进行不同的美术基础教学。针对于此，在强调不同专业美术基础教学遵循美术教育规律的同时，应进行针对性的教学改革，包括教学内容、教学手段和教学方法等。重点解决不同设计专业学生美术基础教学基本相同，与专业学习缺乏联系的问题。力求使不同设计专业的学生在相对有限的时间内掌握相关的基础美术知识与基本技能，以利于今后的专业学习。

二、建筑类高校建筑美术基础教学的状况分析

国内建筑院校设计类专业的设置一般具有宽跨度的特点，课程体系尤其是基础课程基本是依托建筑学的办学优势而形成的，各设计专业虽各有不同，但某些课程又相互联系，像设计初步课、美术课等几个专业均作为基础课开设。而美术知识与技能是专业设

计的基础与前提，由于历史形成的原因，美术基础课的教学大纲、教学日历和教学任务指导书各专业相对统一。教师在课堂上面对不同专业的学生，教学的内容和教学方法基本一致，教学上更多的是"同"。在具体操作中，教学内容方面比较粗放，专业针对性较弱，与专业教学的衔接普遍被忽视。另外在教学方式上由于担任美术教学的教师大都毕业于专业美术院校，在教学中会不自觉地按照艺术科班的教学方式，不能充分认识到建筑院校各设计专业的教学需要，使学生在学习与接受上产生困惑。

教学内容的更新、教学方式丰富与改革的步伐缓慢，必然会使不同设计专业的学生在以后的专业学习中带来或多或少的问题，也容易使美术基础训练与各个专业设计课产生脱节现象。美术基础课应当在学生的专业设计的学习中发挥更加有效的作用，因此，针对建筑类院校目前具体的专业设置特点，对美术基础教学做了尝试性的改革与实践。

三、建筑类高校美术基础教学的改革的目标与思路

随着观念的更新和时代的发展，现代建筑院校设计类专业的美术基础课程教学的目标应从单一的传统美术基本技能、技巧的训练转变为对设计创造性思维、艺术本质规

律、造型观念研究的纵深化、全方位、多层次的教学实践，培养学生通过美术的学习，发现设计、认识自然，以及运用各种艺术手段创造性地实现设计表现的能力，让学生从无意识进入有意识的专业设计训练状态，从而最终达到从美术中认识设计的目的。

建筑院校设计类专业美术基础教学不是简单的绘画训练。纯绘画是艺术家通过抽象或具象对对象的描绘来反映人们的意识形态，而设计则是满足人们心理和生活的需要的科学，它是设计师按照一定的审美规律创造出与人们生活有直接关系的物品与环境等。所以，设计的美术基础教学与绘画的美术基础教学相比要有所区别。不同的设计专业需要不同的美术造型基础，让美术基础教学为设计的本质奠定良好的基础，是建筑院校设计类专业的美术基础课程教学的目标和归宿。只有认清这一目标，才能使我们在教学改革中更加得有的放矢。

在美术基础教学改革与实践中，我们要明确思路，关键要解决如下问题：一是确定出各个专业各自对美术基础的要求是什么，如建筑设计专业对空间与形象思维能力的要求，城市规划设计专业对环境整体把握能力的要求，工业设计专业对形式创造能力的要求等。只有找到专业的需求，找到教学的侧重点，有针对性地设计和进行基础课教学，才能发挥基础课真正的基础性作用。二是研究用什么样的教学

内容、教学方法，更加合理、有效地安排以符合专业特点。在实际工作中，分析目前的美术教学状况、优劣短长及对各专业的作用与影响，然后进行各专业美术基础课训练的重点与方向的确定。对同一阶段课程针对不同专业设置不同的教学内容，通过教学单元内的实践，总结出一套比较符合建筑院校学科特色的、有针对性地对各个专业学生学习能发挥一定作用的美术教学体系。

四、建筑类高校美术基础教学的改革与实践

和国内同类学校相似，北京建筑大学的几个设计类专业（建筑设计专业、城市规划设计专业、工业设计专业等）同设在建筑与城市规划学院内，在建筑院校中有一定的代表性。几年来学校一直进行美术基础课改革的尝试，在具体的教学实践中，明确思路，从课程的针对性做起，对各个专业特性进行分析，找到各个专业的不同需求，找到相应的侧重点，逐步确定

出各专业美术课程的具体教学内容与教学方法。通过不断探索与努力，取得了一定的效果与经验。

（一）建筑设计专业美术基础教学改革

首先明确建筑设计专业学生所应具备的最基本素质和能力，也就是应具有形象与空间的思维能力。为此，教学内容上应增加优秀作品的欣赏，以便让学生更加深刻地认识、了解创造空间的艺术。在基本训练中，减少全因素长期作业的课时，从几何结构的理解与描绘入手，运用结构素描的方法来观察和描绘物体，练习的目的是研究物体的大小比例、内部外部的结构、形体的连接与内在穿插关系，着重强调要透过物体表面分析判断出内部的空间形态与结构关系。同时把原来的常规的静物与风景写生改变为结合建筑形体进行构成训练与空间的认识，通过大量的建筑写生练习实地获得真实感受，使形象更生动。这种训练是要求学生选择多种角度对建筑物体进行透视现象的观察，认识建

筑物空间各部分的结构关系，以及建筑物内部物体与之相互间的关系。通过对建筑实体透视观察获取对空间的直接感受，并通过二维平面空间的纸面描绘把这种感受表现出来。另外，在教学内容上还应增加创意表现训练。通过基本的造型技巧表达设计的意念，如让学生表现想象中的空间，要求学生通过绘画的手段，打破常规运用各种表现形式，传达自己的构思，体现自己的意念，逐步培养学生的想象力和创造意识，锻炼学生对画面的把握与组织能力。在教学方法及教学手段上力求丰富，遵循学生需求摆脱主观性和盲目性，课堂上充分感染、启发学生，调动学生积极性，提高学习兴趣。如将创意表现素描与结构训练结合起来，在强调造型准确与严谨的同时，让学生有趣味地体验。除沿用一些传统教学方法，还可以充分利用现代数字化技术辅助教学，随着一些数码产品如电脑、手机、PAD等软、硬件的不断完善，可以轻松地做出许多纸上难以表现的效果，丰富了学生的表现手段，取得了良好的教学效果。（图1~图8）。

图 1 北京建筑大学　赵睿
图 2 北京建筑大学　赵睿

（二）工业设计专业美术基础教学改革

针对工业设计专业教学对产品形式创造能力有较高要求的专业特点，除一定的常规基础训练表现之外，教学内容上增设工业产品的专项写生练习，进行物体的结构与特征及质感与效果的研究与表现练习。具体实践中可以要求学生采用结构画法，将产品的部件结构、外表形态严谨、细致地表现出来，采用粗细、强弱、轻重、虚实、浓淡等不同的线条，在同一个画面中，表现几个不同角度的物体结构图，把产品的正、侧、俯视展示出来，在单一的画面中求得视觉上的丰富。在此基础上尝试运用各种工具材料进行精细描绘练

习，以解决学生对不同材质、不同肌理、不同表现工具的认识和应用。使学生做到由感性上升到理性，并最终获得对产品结构造型本质的深刻理解。区别于其他专业的教学内容，还增加了装饰色彩及黑白构成的练习，色彩表现上"利用装饰的手法，尽量用最少、最简洁的颜色达到最好的视觉效果[1]"。"充分调动学生学习色彩的积极性，不断引导学生从设计的角度来提升色彩的修养[2]"，使工业设计专业的美术基础课能与其专业的三大构成课的教学融为一体。教学方法上注重"启发式"教学，调动学生的积极性，在课堂写生的初始阶段就让学生参与进来，从写生物品的摆放设计开始，学生自己选择物品，根据画面

图 3 北京建筑大学 赵睿
图 4 北京建筑大学 赵睿
图 5 北京建筑大学 谭淼
图 6 北京建筑大学 刘楠茜
图 7 北京建筑大学 关磊
图 8 北京建筑大学 齐钰

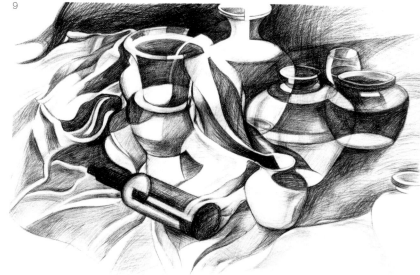

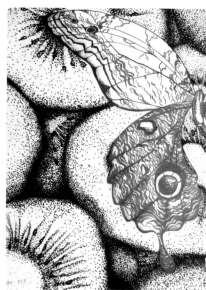

设计自己摆放，整个作画过程更加主动。同时充分
利用现代化教学手段，传统美术教学中由于讲授课
时相对较少，许多基础知识学生无法深刻理解。现
在我们尝试使用计算机三维动画演示辅助教学，特
别是工业设计专业对于形体结构透视的理解既是
重点又是难点。我们在包豪斯学生的结构素描中可
以看到大量利用形体透视的辅助线表现的空间感，
虽然电脑3D软件那个时代还没有问世，但是这与
三维线框的显示方式来观察物体的方法却有异曲
同工之妙，通过3D演示进行对比，使学生理解起
来更加深刻。3D演示界面中对模型有多种形式的
显示方法，如透明度、材质纹理、线框等，同时物
体的呈现可以自由变换、全方位旋转，对物体的局
部与组合让人一目了然[3]。这些都对工业设计专业
的美术教学有很大帮助。（图9~图14）

图 9 北京建筑大学　王思棋
图 10 北京建筑大学　任恬恬
图 11 北京建筑大学　曹晨雪
图 12 北京建筑大学　孙树鸿

图 13 北京建筑大学　刘新雨
图 14 北京建筑大学　王　伟
图 15 北京建筑大学　抽象色彩练习作业

（三）城市规划设计专业美术基础教学改革

城市规划设计的专业特点上决定了对学生把握整体画面的较高要求，训练的内容与课题也就更为丰富。教学内容上在环境大场面描绘训练上大大增加了比重。加大表现素描和默写的训练课时，风景写生着重大场面

练习，注重提高学生观察、表现的能力。另外，结合该专业在大空间规划、设计制图时经常运用抽象的形式美感的特点，在二年级的教学中安排临摹研习现代抽象绘画作品，在研习过程中不要求一成不变地完全临摹，而是要求通过临摹大师们的作品，体会点、线、面、色块、明暗、肌理所构成的形式美

感，最后自己进行尝试性的表现。在教学方法上强调教学互动打破课堂上教师的"一言堂"，教师提出问题，启发学生思维，调动学生的积极性让学生自己去大胆尝试，学生是积极的参与者，而不再是被动旁听者。每个学生都积极参与讨论，加强互相之间及与老师的交流，形成良好的教学互动。参与教

学过程变被动为主动，充分展示出每个学生的艺术的个性。同时加强教师现场示范教学，注重实地写生练习，强调整体观察。另外由于加大了学生课下速写量，要求教师课堂上针对城市规划设计专业的特点认真进行点评，因为"课外练习的效果和学生对课外练习的积极性，很大程度上取决于教师事后的讲评和鼓励[4]"。采用传统教学模式与现代教学模式结合的形式，有利于造型能力的加强，有利于适应将来社会的需要。总之，通过课堂的实践结合对各专业课的分析，针对不同专业进行具体的改革实验，整个过程都融入每一教学环节当中，使有限的学时发挥出最大的效能。（图15~图19）

通过美术基础课程教学的改革与实践，进一步促进了北京建筑大学的美术基础教学，也为其他建筑类院校进行相关的改革提供了一个借鉴。教学改革使各个专业的美术基础课程学习目标更加明确，使美术基础教学在各专业今后的学习中发挥更加积极有效

的作用。同时进一步整合了美术课程体系，对每一阶段都重新确定教学内容、评价指标、教学方法与手段。通过重新调整、增设新的教学内容等，使各专业的美术基础教学既相互联系又有一定的特性，更加符合本校学科特色、更具实效性和针对性、更加科学完善合理。

五、结语

实践证明美术基础教学根据各专业特点，应该是有侧重性的。但这种侧重性不是硬套上去的，尤其刚开始进行美术基本功训练时，更需要熟悉和掌握全面规律，涉及造型的主观的和客观的各种因素。当然，造型艺术毕竟还是有它的共同性，既要掌握造型的各种规律，不能有所偏废，又要能在某一专业的特点上深入研究。所有这些都需要我们认真探索，在具体教学实践中总结经验，对于一些不成熟的地方不断加以完善。筑·美

图16 北京建筑大学 邓美然
图17 北京建筑大学 张陆洋
图18 北京建筑大学 张陆洋
图19 北京建筑大学 张陆洋

朱 军 北京建筑大学副教授

参考文献
[1] 代青全.高等美术院校设计色彩教学的思考[J].美与时代，2011（05）.
[2] 袁公任.谈设计色彩教学[J].装饰，2005（03）.
[3] 寿伟克.数字艺术类专业素描课教学新方法探索[J].吉林省教育学院学报.学科版，2010（01）.
[4] 聂琦峰.应用设计学科中的基础美术教学方法浅议[J].吉林广播电视大学学报，2010（01）.

建筑学专业室内设计教学的策略与思考

文 / 贾宁　胡伟　中国矿业大学建筑与设计学院

摘　要：本文通过对当前建筑业的现状分析，阐述了在建筑学教育中加强室内设计教学的重要性，并针对建筑学专业特点，指出了其室内设计教学的策略与方法，以提高其室内设计的教学质量，为培养高水平的建筑学专业人才做好准备。

关键词：建筑学　室内设计　教学　策略与方法

室内设计是对建筑室内空间环境的设计，是建筑设计的延续、深化与再创作，是全面进行建筑设计不可或缺的重要环节。在我国建筑学学科专业教育中，室内设计课程是作为建筑学专业学生的必修与选修内容，目的是使其具备从事建筑设计与研究所必需的较为宽厚的专业基础。随着时代和社会的飞速发展，对现行建筑学专业的室内设计教学应给予重新认识与思考，如何建立一套适应时代需求的教学体系，培养符合社会和专业发展的人才是目前亟须解决的问题。

一、行业现状分析

近年来，随着社会和经济的发展，我国建筑业飞速发展，其行业内部的发展比重也在发生着显著的变化。以建筑资金流向为例，改革开放以前，建筑工程、设备工程、装修工程的比重约为3：1：1，现在则为1：1：1，资金的流向更多地偏向设备与装修，这就给建筑行业的设计人员无形中打开了一片新天地——室内设计。另外，随着社会现代化程度的提高，技术发展越来越快，城市中的建筑越来越多，建筑本身的寿命却在增加，许多优秀的建筑还被实施了保护政策，新建建筑的比重越来越小，但是建筑内部的装修却随时随地都可能重新进行，这些都为建筑内部空间的设计带来了更加深远和广阔的前景。

由此看来，未来建筑事业的开拓以及建筑学术的发展，与室内设计的联系越来越密切[1]，这是时代对于建筑教育提出的新要求，建筑学专业室内设计教学面临越来越多的机遇和挑战，如何更好更快地培养高水平的设计人才，是必须研究与思考的。

二、建筑学专业室内设计教学的特性

室内设计是建筑在内部环境方面的设计延伸，其根据建筑物的使用性质、所处环境和相应标准，运用物质技术手段和建筑美学原理，创造功能合理、舒适优美、满足人们物质和精神生活需要的室内环境[2]。室内设计是作为建筑学专业学生的必修与选修内容，目的是使其具备从事建筑设计与研究所必需的较为宽厚的专业基础。不同学科的专业人才培养目标不同，在建筑学专业中进行室内设计教育，不能完全照搬艺术设计院（系）中室内（或环境艺术）设计专业的教学体系和模式，应当以建筑学学科的专业培养目标作为建构室内设计教学系统的前提，确立系统定位和课群设置，要让学生全面具体地认识建筑设计，真正进入实体建筑的内部空间，在空间中进一步了解建筑的各个细节部分，并养成关心身边物体和尺度的习惯，更好地从物质和精神两个方面设计出以人为本、体现建筑空间环境特色的好建筑[3]。

三、教学策略与方法

在建筑学室内设计教学中强调建立与室内设计密切联系的专业课程体系显得尤为重要，应该在教学中注重建筑学与室内设计的良好结合，针对建筑学专业学生的特点，对室内设计教学系统进行调整，优化课群结构，突破传统教学模式，使之更加适合专业教育的发展。笔者在实践教学中，结合相应的教学改革方针和教学实践，合理安排教学计划、精心设计教学方案，取得了良好的教学效果。

（一）寻求建筑与室内设计的契合点

针对建筑学专业特点，应该将室内设计的教育定位在"拓宽建筑学学科的专业基础教育"的层面上，建立以建筑学专业教育为依托，与专业教学系统密切结合的室内设计基础教学系统。这就需要强调室内设计与建筑设计的紧密联系，强调内外一体的环境整体观，寻求建筑与室内设计的重要契合点。因此，在教学中，除了让学生更多地了解建筑及室内设计的基本原理外[4]，更为重要的是引导学生有力地把建筑的实体和空间组合在一起，相辅相成。

一方面，可以结合建筑课程设计作业进行室内设计，使学生在进行建筑设计之初就与室内设计相联系，培养学生"建筑—室内"一体化的设计思维方法（图1）。借由这样的训练，可以使建筑学专业学生在完成相应建筑设计任务的同时，对建筑设计有更为全面的认识与理解，运用室内设计的方法来弥补建筑设计的不足，真正意义上完成建筑室内外设计的连续性、整体性[5]。

另一方面，注重建筑改造设计。在开设与室内设计课极其相关的理论课时，布置若干大、中型建筑改造设计课程作业。这样，在对原有建筑进行分析、改造的过程中，将建筑的室内外空间看做一个延续的、相关的整体，进一步训练学生的设计能力，使他们能够适应从建筑设计到室内设计的过渡，并进一步熟悉室内设计的方法与技巧（图2）。与此同时，还可结合教师特长，开设室内环境艺术综述、室内设计表现、家具与陈设等相关课程，希望以此扩大和丰富学生的理论知识，加强他们的表现能力，提高他们的专业素质。通过建筑改造设计的训练，使学生综合运用以前各教学环节中所学到的理论知识和实践知识，进一步处理好构思与现状、建筑与环境、建筑与室内、总体与细部、功能与技术、设备与空间造型等因素之间的矛盾，训练学生处理复杂问题的能力，为其成为优秀的专业人才做好充分准备。

（二）采取纵横向教学

为了提高专业技能，学生应尽早地接触专业课，打破传统的"文化基础—专业基础—专业课"的三段式教学模式，强化以专业课成为整合模块的课程设计体系，增强教学中感性知识与理性知识相结合的教学模式，防止教学上的空对空，可以纵向与横向有机结合地进行室内设计教学（图3）。纵向教学中的分阶段，具体分为以下两个阶段：

第一阶段是在三年级时对所有的建筑学专业学生开设室内设计原理课程。该课主要讲授室内设计的基本概念、基本方法、基本步骤和基本原理，使所有的学生都能对室内设计有基本的了解，布置小型的室内设计题目（图4）。由于学生已经具备相当的建筑设计知识，因此该课程一般均能收到良好的效果。

第二阶段则是在四年级下学期设立室内设计方向。这就需要相应地进行教改，安排学生在四年级上学期修完建筑学的所有必学内容，从下学期开始，学生可以根据自己的兴趣爱好选择不同的主攻方向。这样，可以为开展建筑学专业的室内设计教育提供机遇，使那些对室内设计感兴趣的学生，包括今后打算从事建筑及室内设计的学生，能够得到专门的训练机会。

图1 "建筑—室内"设计训练
图2 建筑改造设计训练

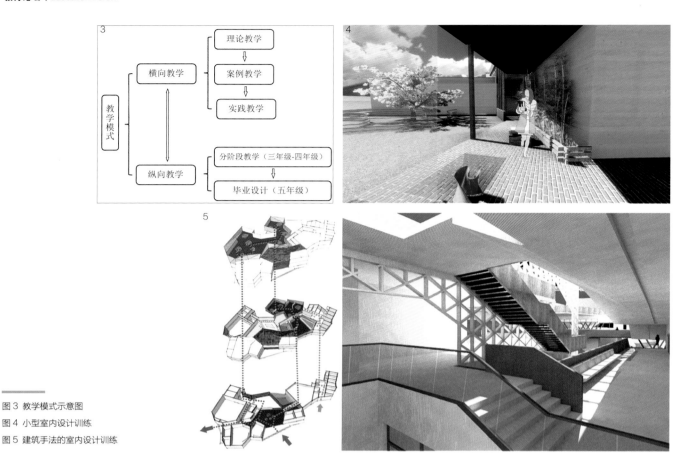

图 3 教学模式示意图
图 4 小型室内设计训练
图 5 建筑手法的室内设计训练

（三）发扬专业优势

建筑学专业的学生基本是高中时期的理科生毕业，甚至从来没有接触过系统的美学训练，具有理性思考的固有模式。现代建筑的理性精神是"包豪斯精神"的传承。因此，在室内设计的教学中，可以从学生擅长的理性思维入手，强调理性精神，引导学生从人居环境的整体观出发，强调在科学基础上的艺术创造。学生通过前期对建筑知识的学习，对建筑有了基本的理性认识，特别是对空间的想象比一般人要抽象，在点、线、面、体的相互运用上能驾轻就熟，给室内设计的学习奠定了比较好的基础，让学生积极而主动地沿用建筑设计的手法做室内设计（图5），使建筑和空间结合得更加紧密，发扬学生建筑学的专业优势，培养学习室内设计课程的积极性。

（四）加强艺术修养

室内设计是艺术与科学技术相结合的产物，涉及理、工、文、艺等诸多领域，并非简单元素的累加和拼凑，更重要的是文化、精神和美的传达。而建筑学专业学生是理工科出身，本身对艺术及美学方面相关知识及审美能力欠缺，这方面有待提高。教学中把握好室内设计科学、人文与艺术的巧妙结合，才能培养具备丰富文化知识内涵的专业人才。一方面，可以加强学生对美学及艺术知识的学习与熏陶；另一方面，加强学生对诸多领域文化知识的积累，实行多元文化的教育理念，培养学生艺术表现与技术处理相结合的能力，引导学生像海绵一样吸收多种有益的文化理念，陶冶审美情操，不断充实完善设计外延的知识，提高审美情趣与创造力。

四、结语

以上是笔者在实践教学过程中对于建筑学专业室内设计教学的一些体会，希望能对相关教学问题的解决起到抛砖引玉的作用。在以提高教学质量为中心、全面提高学生综合素质的今天，应针对我国建筑学教育的现状，改革建筑学室内设计教学的教学内容、教学手段，开辟一条建筑学室内设计教学的新思路，思考如何更有效地为社会培养高素质的设计人才，这是我们教学工作者长期而紧迫的责任。菁·美

贾　宁　中国矿业大学建筑与设计学院讲师
胡　伟　中国矿业大学建筑与设计学院教授

参考文献

[1] 程鑫. 国内关于建筑设计与室内设计关系的现状及其研究综述[J]. 建筑设计管理，2015，32（08）：53-55.

[2] 朱钟炎，王耀仁，王邦雄.室内环境设计原理[M]. 上海：同济大学出版社，2007.

[3] 吴良镛，广义建筑学[M]. 北京：清华大学出版社，2011.

[4] 郑曙旸. 室内设计程序[M]. 北京：中国建筑工业出版社，2005.

[5] 王铁. 设计无界限[M]. 北京：中国建筑工业出版社，2012.

2016QN05中国矿业大学教育教学改革与建设项目

磁州窑民间制瓷工艺人文美育课程走进环境设计教学

文 / 宋丹　邱晓葵

摘　要： 在全球化与信息化的境遇中，中国高等设计教育建构具有人文价值的本土设计教学意义重大。中国传统工艺记录古代先民对审美的认知，呈现中华民族博大的人文精神，是建构人文美育的重要载体。本项研究选择磁州窑民间制瓷工艺作为人文美育实验课程，其作为诸多传统工艺体系中保存最为原汁原味的民间工艺，代表着数千年来劳动人民认识自我、守候自我、唤醒自我的艺术探索途径。通过取材真实，生动鲜活，探究实验的课程组建，进而激发学生了解中国传统文化、滋育审美、启迪专业认知、从而达到人文美育课程传承文化与育人的最终目标。

关键词： 磁州窑　人文美育　守候与唤醒

中国在历经近代"西学东渐"的思想传播至今，"中学为体，西学为用"的学术思想已经悄然演变为以西方的审美标准重新评判其价值的境遇。当下盲目地学习西方现代设计理念成为高校环境设计教学的追赶潮流，这种无根文化的教育行为与价值取向远离了"自我"的组构，向正如法国哲学家保罗.利库尔所说："对传统文化的破坏所导致的创造与道德的核心的消失，正是现代化的直接后果"[1]。从中国现有的设计教育中发现学院不是教学生如何以一个真实的生活状态为基础来做专业教育[2]。

中华优秀传统文化是中华民族的精神命脉，是我们在世界文化激荡中站稳脚跟的坚实根基，当代文艺创作要体现中华文化精神，反映中国人审美追求中国传统文化对于当代设计意义重大。人类发展历史表明，每一项技术发明都要人们花费几个世纪之久的时间去积极而又系统地进行观察，并通过无数次实验来对大胆提出的假设加以核实[3]。中国优秀而古老的传统工艺也正是在历史的长河中，经过古代先民不断地探索、实验，形成中国独有的艺术语言体系。把中国传统工艺整体地看作一种语言结构体系，抛弃历时性的历史"发展"观，发现其不再是一个已经无用，已在死去的门类，而是一个仍在运动和发展着的人类学的事实[4]。因此，环境教学中设置优秀的传统工艺实验课程是尤为重要的。

图1 3D打印及数字化模具翻制

《易经·系辞》云："形而上者谓之道，形而下者谓之器。"中华民族数千年的文化，遗存在先民所创造的"道"与"器"的人文样态中，磁州窑民间制瓷工艺作为诸多传统工艺体系中保存最为原汁原味的民间陶瓷工艺，立千年而不衰，承载了中国传统艺术的哲学思想，呈现中国传统艺术样态在"自我生成"的艺术道路上所包含的集体性、地域性、人文性与包容性，诠释了古代劳动人民进行艺术创作时蕴藏的深刻的思维构建方式与审美价值标准，睿智而开放的探索精神与合理、完整、系统的表达方式。磁州窑文化的营造思想与中国传统建筑营造有异曲同工之处，展现了中国传统艺术无形的思想魅力。

一、以磁州窑民间制瓷工艺为纽带，践行"人文美育体验式教学"的教育理念

经过近十年的实验教学积累而初具完形的磁州窑民间制瓷工艺人文美育课程，是针对环境艺术设计专业学生开设的材料实验课程。该项实验课程以传承中国传统文化的文化教育为宗旨，以中国非物质文化遗产中的传统手工艺样态建构课程内容，以传统工艺与数字化技术创新相结合的方式，组构设计教学中人文审美认知的课程体系。

1. 注重以真实、精粹的文化形式建构人文美育体验教学内容

人文美育实验课程一定要取材真实，只有在真实、鲜活、生动的体验制作中，才能使学生真实的感受优秀文化的博大精深，能够使学生在汗水、欢笑、实践、收获中，自觉地探寻自我内心的世界，成为自我认知、个性定位与审美体验的最佳途径。在磁州窑民间制瓷工艺实验课程教学中，从陶瓷的材料、工艺的制作程序、绘画的题材全部沿用这一古老的民间制瓷传统工艺，创造一个真实的体验制作环境，使学生融入其中，不知不觉地步入传统文化的殿堂。

2. 注重个性认知的探索与体验

艺术的人文教育有着个人面对的直接性特点。一次亲身实践就是一次思想认知的探索与实践经历。通过动手体验制作传统民间制瓷工艺的方式，引导学生主动去进行文化的体验、探索和认知，进而由兴趣、感知、研究、产生创造，激发学生个性思维的思考。

人文美育体验式实验课程通过以磁州窑民间制瓷工艺为纽带，以文化的视角，以"艺以人传"的体验方式传承本土优秀的传统艺术样式，建构一种鲜活的传承本土传统文化的教育理念和教育行为。体验的教育活动激发学生探究性实验学习的兴趣；使得传统文化意识、设计思维方法以及工艺制作方式，在民间制瓷工艺的体验中触及学生的心灵深处。不仅能够培养学生具有整体性、逻辑性、敏锐性、独特性和柔韧性的综合设计思维能力与实践动手能力，尤为重要的是从精神层面逐渐恢复并建立学生以中国传统艺术思想建构的人文审美标准作为审美认知的

图2 模范脱坯成型

基础，进而引发学生了解中国传统文化，认知传统审美方式，探究专业营造思想，激发个性潜质，陶冶情操，使其感受传统艺术的魅力，为学生今后从事设计创作辨明艺术审美方向和准则。从而达到人文艺术体验课程培养学生尊重传统、守护优秀传统文化，唤醒学生以文化自觉的育人目的。

二、以磁州窑民间制瓷工艺为载体，营造"艺以人传"的体验教学

体验式教学即墨子所说的亲知，乃是古人通过亲身经历获得知识的有效途径，也应是恢复中国当代高等美术教育里以一个真实的艺术载体来做专业教育的教学方式。磁州窑从北齐时代就已开始烧造，至宋元时期逐渐发展成为古代中国北方最大的民窑体系。以粗犷、豪放、潇洒的人文风格创造了宋金元时期民间瓷艺的最高成就，体现出民间艺术的生命力，在中国乃至世界陶瓷文化艺术中占有重要地位。因此，磁州窑民间制瓷工艺以优秀的千年磁州窑文化为承载，能够塑成一个以真实的传统工艺开展的体验式教学的教育行为。

磁州窑民间制瓷工艺体验课程主要针对环境艺术设计专业低年级学生开设，因低年级的本科生基本具备实践动手能力，能够完成课程教学环节，同时正是需要正确建立人文审美认知取向的关键期。课程以艺术考察、艺术实践、审美感受和理性认知诸多教学方式结合构建"艺以人传"的体验式教学方式，为学生营造一个直观、真实、全面了解磁州窑制瓷文化的感性体验环境，同时为学生的审美体验与文化理解创造更加广阔的空间与有效的途径。

1. 艺术调研开启人文体验教学

对磁州窑文化的发源地进行艺术调研是开展体验式教学的重要组成部分。在进行艺术调研课前，教师要求学生做好磁州窑文化的资料收集，做到粗浅的了解调研对象。艺术调研期间，带领学生赴河北邯郸市磁县，参观磁州窑文化的发源地、北响堂山石窟、磁州窑博物馆和烧制窑场，走访民间艺人，观看民间艺术家现场演示磁州窑工艺制作过程，从多维度架构科学、系统、完整的学习知识，构建一个真实的体验磁州窑文化的教学现场。调研课后，学生可以通过调研报告总结此次文化体验活动带给自身的感受。

2. 课堂制作开启实践体验教学

课堂实践制作是"艺以人传"体验教学的重要关键环节。首先，教师示范磁州窑工艺的制作步骤，再指导学生从原料炼泥、模范脱坯成型、装饰绘画三个环节体验磁州窑传统民间制瓷工艺制作过程，以此创造一个真实的制作体验环境，使学生融入其中。教学使用的制瓷原料全部来至磁州窑原产地，其中模范脱坯成型与黑白剔画装饰工艺是学生重点体验的环节。"模范"成型是磁州窑最突出的工艺方式之一，中国人所称的"模范"一词就源自磁州窑工艺。学生将原料放入石膏模范中，待模型阴干后脱坯，成型后的胎体表面会出现不同程度的龟裂纹理，需

图3 修坯

图 4 施釉、装饰绘画

要学生进行手工修补，粗修后再次进行细修，之后进入装饰环节。磁州窑的黑白剔画装饰工艺体现出磁州窑独有的追求差异与塑造自我的艺术语境，开创了中国瓷器绘画装饰形式的新途径。通过"艺以人传"的体验式教学，学生可以更加深切地体悟到人与材料之间质朴的纯粹性和艺术形式丰富的人文差异。

3. 数字化探究传统工艺的创新制作

体现地域文脉、民族特色与时代风貌，自古就是中国艺术的营造宗旨。面对时代的变迁，传统艺术如何实现传承与创新，成为人文美育实验课程中最为重要的思考问题。传统的磁州窑工艺依靠民间匠人娴熟精湛的技术，以师徒制代代相传。在高等教育的课堂上，如何让从未接触过磁州窑的青年学子来系统体验制作如此精美的工艺呢？因此在模范脱胎成型的制作环节里，探索运用数字化机电一体化的技术，使用CATIA计算机辅助软件复原磁州窑经典器型，运用3D快速成型机打印"母模"，再通过石膏翻制"模范"，完成教具的数字化设计与成型制作，解决初学者的器型造型问题。依托磁州窑工艺平台，在模范成型的制作环节中，既尊重传统工艺，又实现了时代的技术创新。通过数字化的工艺探索，学生感受到时代赋予传统艺术的变革与实验教学的完整性、系统性与严谨性。

三、磁州窑的营造理念对环境设计人文美育的启示

在环境艺术设计教育中，对"美"的认知是主要解决的问题。什么是"美"，什么又是中国的"美"是教学中一直思考和解决的问题。纵观磁州窑文化的千年遗存，题材繁富、形制万千。胡服骑射的赵文化孕育的磁州窑文化，使其在千年"陶洗"和"包容"的境遇中生成"自我"独特的艺术形态。它的辉煌岁月虽然离我们越来越远，但在遗存中散发着浓郁的人文气息和营造思想使我们清楚地认识到"朴素而天下莫能与之争美""淡然无极而众美从之"的"自然无为"的人文美学思想是磁州窑文化立千年不衰、世代相传的根本。在人文美育教学中给予我们深刻的启示，有助于我们对环境艺术设计专业的认识和理解。

1. 守候与唤醒的"自我"探索

磁州窑民间制瓷烧造起源于八千年前的磁山文化，是在古文明的积淀中，应广大的民间生活需求而起，是数千年来劳动人民认识"自我"改变现实的非物质文化遗产。在烧造生存的过程中，自然材料的特性使得它在"南青北白"陶瓷烧造的演变格局中处于劣势。它既不薄透如玉，也不如银似雪，虽经人们刻意的模仿与追求，仿青、仿定、仿建，取一时之利，但不能改变其粗瓷的

特征。客观条件的物质存在如何成为物质生活追求的财富，成为人文精神寄托的愿景，一直是困扰着磁州窑民间制瓷发展的一个瓶颈。在赵文化的滋生下，以"黑白剔划花"为主要装饰特色的磁州窑民间制瓷工艺样态，以抒发情趣的"铁锈花"写意绘画风格，以色彩浓郁的"红绿彩"釉上装饰彩绘方法构建了地道的北方质朴而拙、憨厚自在的磁州窑文化，使其走向了宋代的人文情怀，让我们能够感悟到宋代艺术直面现实生活及整个人生与寻求更加多元的"自我"表达途径的独特性。因此，磁州窑文化是在守候与陶冶中不断地寻求着"自我"的建构方式，挖掘生活中随处而有的建造诗意，形成千年不衰、独具一格的磁州窑民间制瓷工艺体系，成为中国陶瓷史上具有人文价值的经典范例。在教学中磁州窑文化探寻自我、表达自我的人文品格明示学生寻找自我、发现自我的艺术途径和"守候与唤醒"的人文精神。

2. "顺其自然"的营造观

河北太行山脉边缘地域富含煤炭和烧瓷的物质原料，从古至今磁州窑都是围绕此地域山间丘陵地带延续发展，故而使其制作材料能够"就地取材"。历代烧造区域全都傍依河流水系，漳河与滏阳河流域是孕育磁州窑民间制瓷文化的母亲河，给磁州窑制瓷烧造带来了充足的水源；同时也为磁州窑的商

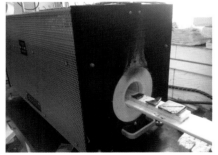

品集散、运输提供了环境。这些丰富的物质资源及得天独厚的地理位置造就了磁州窑自身的基本物质构建，印证古人认识客观世界时，"因地制宜"的营造思想与人文价值取向。"顺其自然"的人生态度更是成为指引磁州窑民间制瓷工艺在化妆土装饰工艺构建上的人文突破成为必然。"顺其自然、就地取材、因地制宜"磁州窑文化阐释的营造思想与中国古代建筑的营造思想是同根同源的。当站在人类学的角度，系统综合地看待中国传统工艺，我们会惊喜地发现古代艺术营造思想是共享共荣的。"顺其自然、因地制宜"质朴而实用的营造思想使学生能够辨明环境设计应当依循的思想方向。

3. "包容"的人文观

磁州窑陶瓷文化来自于民间大众日常生活中，而不是深宅大院、束之高阁的权贵艺术。生活起居、饮食器具、婚丧嫁娶、宗教祭祀，处处无不显露着它的身影；所表达的装饰内容，从民间传说、精神图腾、自然万物、诗书画赋、到市井生活，拓展了民窑表现的范围，使题材越趋日常生活化，暗示着其日常生活中承载的包容性，这些都说明"美"体现在形式多样与内容广泛的"包容性"文化史观上。充分表达了先人们精神追求的深刻性和文化承载的广泛性，触及到了每个创造者的精神深处，展现出磁州窑文化具有普遍性的人文关怀。

4. 人文审美的美学建构

从人文艺术教育的实验教学中我们发现：磁州窑生态自然的材料和质朴的装饰语言表述出"美"来自磁州窑民间制瓷文化质朴、随性、淡然的人文气息，"美"来自生活经验的概括，"美"来源于自我情感的真实诉求，从而展现出"素雅，众美从之"的审美格律。世上无难事，难就难在做事时其"人格"完美的表达，它决定了品位的层次，决定了事物的成败，也决定了载体的价值。《论语·庸也》说"中庸之为德也，其至矣乎。"人应处于不偏不倚、中正平和、敬重与守候的中庸之道中，这样才能心静如水、虚怀若谷，谦虚谨慎、持之以恒，因此"美"也是一种人格的体现。"朴素而天下莫能与之争美""淡然无极而众美从之"其"自然无为"的人文美学思想是中国古典文化审美的最高品味，也是磁州窑文化的审美取向，正因为在"自然无为"的审美认知中，构建了磁州窑民窑体系在集体性中聚集丰富差异的人文表达。其实"自然无为"的精神追求也正是中国传统乡土建筑的营造美学思想。传统乡土民居在集体性中展现了聚集丰富差异的人文关照。磁州窑文化在哲学层面展示给我们的美学之道，引导我们在平凡的生命历程中快乐的生活，在实践中不断地完善与成长。

数千年来，磁州窑根植于民间，是劳动人民认识"自我"，直观面对现实的艺术途径，涵盖了华夏人民在劳动实践中的创造与发现，表达了人们守候与唤醒的胸怀，更明示现代人，一切创造源于"顺其自然、有感而发"的中国传统哲学观念。透过对磁州窑人文价值与审美情趣的思考，认识到磁州窑民间制瓷工艺给予后人的精神与生活以普世性的关照与启示，这些无形的精神指引正是建构环境学科人文美育课程的目的所在。

四、结语

没有规矩，不成方圆。信息技术时代建构具有人文价值的本土设计教学意义深远，是继承发扬传统文化的教育行为。本教学致力于将理性认知、审美感受、考察与艺术实践诸多教学方式相结合，为学生的审美体验与文化理解创造更加广阔的空间与全新的平台。也希望通过这样的方式，使得悠久的磁州窑文化成为环境设计学科深厚的教育资源，成为理解和认识中华优秀传统文化和民族精神的一条捷径，让学生们真正体验到中国传统艺术的魅力，使民族精神根植于心中，并得以延承。 葆·美

宋　丹　首都师范大学美术学院副教授
邱晓葵　中央美术学院建筑学院教授

参考文献

[1] 朱亦民.现代性与地域主义——解读《走向批判的地域主义—抵抗建筑学的六要点》.新建筑,2013（03）：30.

[2] 史建，冯恪如. 王澍访谈——恢复想象的中国建筑教育传统. 世界建筑 2012（05）：28.

[3] 列维-施特劳斯.野性的思维.北京：中国人民大学出版社：21.

[4] 王澍. 虚构城市. 同济大学博士学位论文，2000.

图 5 试片温度测试及烧制

"授之以鱼与渔"
——浅析高校建筑设计专业美术造型基础课程现状和探索

文 / 童祗伟

摘　要： 本文主要通过对美、美术、建筑的内涵阐述分析指出建筑、美术之间的关系，指出建筑专业美术教学片面注重"鱼"的现状，其次通过在教学实践中对"渔"的探索，重在强调通过美术基础造型课程对建筑专业学生创造性和发散性思维的培养。

关键词： 美术　教学　鱼　渔　创新　探索

美术又被称为造型艺术创造形象化的手段，造型性其重要特征之一，按物质材料和制作方法大体可分为绘画、雕塑、工艺美术、建筑艺术等几大门类[1]。可见美术本身包含了建筑，建筑艺术是间架营造的美术品，两者互不分离。建筑学是人类在有意识地创造并且美化居住环境的活动中积累知识、总结经验、不断创新逐渐形成的一门重要学科。它旨在使创造某种体形环境，使建筑既要满足人们的物质生活需要，又要满足人们的精神生活要求，包涵了技术和艺术两个方面。所以，不难发现建筑师的设计过程其实是经过构思，用方案、图纸、模型等手段表达设计意图，最终为营造建筑实体提供依据的创作过程。高校建筑专业美术课程应在整体美术概念的范畴内，以提高艺术修养为主导，同时做必要的取舍才能凸显建筑专业区别于其他专业的特点。这里存在两个教学方式：是直接给学生"鱼"——即教师直接给予学生既定的，成熟的技法，还是传授给学生"渔"——培养学生发现、创造的能力。

一、"鱼"的现状

通过长期的教学工作总结，以及同其他高校美术教师的交流沟通，本人发现目前的建筑专业美术造型基础课程更多的是给学生"鱼"。教师注重既定的熟知的技法技巧传授，更多关注自然形态和空间关系的表达，很大程度上只停留于传授了技法、技巧，其优点就是学生可以跟随教师少走弯路，教学效果立竿见影。但是这种教学状态下，学生的审美创造活动往往只停留在再现"美"，却忽视了如何创造"美"，美术造型基础课程甚至已经沦为建筑设计制图的工具，没有自己独特的鲜明个性。

1. 只注重传统的教学内容即片面关注技法传授。

1 在线辞海—美术栏

2. 表现手法过于程式化，以结构素描、明暗素描为主，注重写实。

3. 单纯重视技法，忽略创新，使技法成为无源之水，作品没有创意。

4. 美术造型基础课程更多地停留于作业阶段，学生跟着教师照葫芦画瓢，千篇一律，很少有创作和精品意识。

5. 建筑美术基础课程没有专业特色，进行区别对待。

6. 课后延伸不够，不能将美术基础课造型能力应用到后期专业设计。

总体而言，目前的美术造型基础课程过于功利化，从某种意义上讲，甚至只是为设计快题打造型基础，没有形成自身的专业课程优势。

造成"鱼"这个现状的原因有很多：一方面是因为这种教学模式已经轻车熟路了，人的惰性使我们堂而皇之地走熟路，走老路；另一方面这种局面由来之久，它的权威性神圣不容侵犯；更重要的是它能在短期教学中得到较快的效果。

二、"渔"的探索

建筑设计的意义在于人为的发现和创造空间"美"。"渔"即创造性视觉思维的培养，使学生主动、有意识地应用美术的一切概念、手法去丰富和实现美的创造。作为未来的建筑设计师真实再现是必备的能力之一，但是"美"在于发现，更在于创造，而创造是不能再现的。

教师理应引导学生去善于发现生活，敢于表达创造独特而高于生活的美，这是值得我们为之探讨的方向，也应该是高校建筑专业美术教育现阶段的重要培养路径之一。近期本人在美术基础课程教学过程中进行了一些尝试，现以素描基础课程教学为例，简单阐述如下：

1. 主题探讨阶段

例如线条，学生在教师指导下明确主题的相关概念、讯息：围绕着线条的概念、种类、组合方式展开讨论，并让学生通过不同材料的演示达到不同的效果。

（1）同一材料，线条排列方式发生改变，产生的不同效果，用铅笔去表现物体肌理质感和性格特征：运笔排线的轻、重、缓、急；曲、直、动、静都能达到不同的表现效果。从而使学生找到对应项，线条方正顿挫——刚硬物体；线条轻柔委婉——飘逸飞扬的物态。

（2）不同材料，搭配组合产生的效果，铅笔、水笔、蜡笔、钢笔、毛笔等不同的材料通过叠加组合，达到独特视觉质感。不同的工具会产生怎样不同的效果，通过合理的搭配组合能增加画面丰富性和表现性。

通过概念的分析，材料的扩展，表达方式的引导，使学生跳出素描就是铅笔直线打型的传统表达套路，引导学生对不同材料的关注和应用。

2. 表现方式探讨阶段

（1）同一内容的不同表达：例如针对同一组静物的同一个角度，学生通过小幅短期多张作业，进行不同表现手法的自主探讨，从而形成多个方案并加比较、区分，例如通过用线条排列形成色调和明度的变化，不同的排线组织具有不同的明暗渐变、空间深度表现；通过用点的大小、轻重、疏密不同变化来增强表现力；通过黑白块面的运用增强黑白对比和物体体积感，加强层次、湿度、立体感、突出主题等等，教师在这个过程中进行合理地引导，避免学生出现雷同的画面效果。

（2）根据前期的多个方案，在几张小幅作品中让学生选择自己最满意的方案，并具体化、细节化处理使之成为完整的作品。引导学生把每一张作品当作创作来完成，创作就要有个人鲜明的个性和独立的想法。有很明确的创造意图和创作计划，并去实现它。

通过限制和规定内容，看似单一，却通过扩散表现手法，达到了不同的画面效果，使学生探索多元的表达方式，主动有目的地去避免单一的表现方式和技法，不被传统的素描技法局限，开阔思路，从而培养学生的创造力，并追寻适合自己的表现素描的表现方式。

3. 经典实验和再创作阶段

历代大师作品中不乏优秀的作品，这些作品被公认为不可逾越的经典，学习这些经典有助于提高学生的眼界、审美水平，审美高度。

（1）寻找感兴趣的大师作品：教师通过对历代大师的优秀作品的介绍引导学生寻找自己感兴趣的作品，然后进行前期的资料收集，要求对这位大师的个人简介、代表作品进行收集，并完成一篇小论文。

（2）对某张大师作品进行提炼：可以是内外轮廓、体积、空间、色彩、姿态、运动等多因素的提炼，要求完成至少三张提炼的过程图。

（3）将提炼的最终作品进行细化和完善，使之成为能表现学生内心感受和独特审美的再创作作品。可以是自己分析元素写实性的真实表达，也可以是重组寻找新的美感图式的意象性表现。

通过对大师作品的收集、提炼和再创作，即从大师作品中吸收了优秀的图示和元素，同时也使学生敢于对大师进行质疑、修改、再创作，这也是培养学生敢于超越经典，追求自我的创新能力。

4. 作品的评价和展示阶段

教师分阶段对学生以完成的作品，进行学生自评、学生互评、教师点评等多种方式相结合的评价模式进行总结，力求评价标准不过于单一和功利，让学生在自由轻松的评价氛围中寻找自己和他人的优点，树立信心和相互借鉴，同时也有一个比较、反思的过程，能更理性地看待自己的不足，从而改进。教师在这个过程中更多的是鼓励、肯定、不加干涉。重在尊重学生个性化表达的基础上，培养学习兴趣和学习信心。同学之间尽量多的相互交流，在交流中迸发出新的视角、新的发现、新的视觉经验。

教师还可以组织展示学生的优秀作品，在展览的过程中培养学生平时珍藏收集作品的习惯，同时也能激发学生的成就感，从而更有学习兴趣。课后，学生需将在现阶段的学习心得以文字形式记录下来，这不仅是教学的反馈，更是学生理性分析自己学习过程的有效手段。

5. 后期追踪阶段

教学应该是个长期的过程，学生有一个长期的追踪和建档，教师要在实践中不断地积累经验、并能对学生纵向的发展有一个初步的总结和归档，为未来的教育做好铺垫。

例如，在其他《色彩》、《三大构成》、《艺术实践与写生》等课程中贯穿前期素描课程的教学效果，能结合之前的课程，针对不同学生的各自特点进行教学，这样才能使教学效果得到进一步的延续和提升。

三、渔的展望

通过几年的教学实践和交流，本人以后在今后的建筑专业美术基础课程中强调的"渔"即是：发现、思辨、表现。

1. 发现是建立设计者与环境之间关系的基点，也是加深彼此发生联系，建立经验的纽带。有一双善于发现的眼睛，能在生活中寻找自己感兴趣的题材，捕捉美的意象，收集到更多的信息，同时拥有明锐的洞察力是发生联想、想象与创造的前提。收集的方式也是多种多样，不受限制手绘、图片（杂志、书籍）、数码设想、视屏、电脑等，能有明锐的眼光和独特的视点去发现"美"。

发现的内容可以不受限制，包括和专业相关的：建筑物、建筑的局部、树木、静物、地图等；也可以是无关的：漂亮的裙子、民族图案、自己身体的局部、墨水溶于水中的各种瞬间的形态变化等。教师在这个过程中更多的是鼓励、肯定、不加干涉。同学之间尽量多的相互交流，在交流中迸发出新的视角、新的发现、新的视觉经验。

2. 思辨

发现只是激活了学生的兴趣点，是最初的感性认识，是一般经验，而思辨中的比较、分析与判断，是更深层次的理性经验。是在"渔"之前的方案的确立。

引导学生寻找之所以吸引你的原因，寻找对象的特殊性，从感性上升到理性思辨，透过表象联系到内部本质的视知觉，这是培养创造性思维的关键。通过这种训练，能激发学生明锐地捕捉并保持住事物对他的刺激点，从常态中抽取出特殊性，使"发现"与创造建立联系，诱发出他的想象力。如喜欢一个复杂物件的构造，强调自己的关注点，可以忽视色彩、透视等，只寻找你感兴趣的它的基本的几何构造。又如果喜欢它的质感和纹理，就可以忽视形状、大小、透视等，只强调纹理和质感。又如喜欢事物在时间中的变化，就可以用自己喜欢的方式记录下它的变化，融化的冰块、枯萎的玫瑰等。教师需要有目的引导学生巩固住最初的兴趣点，使其带有分析、提炼的思辨能力。

3. 表现

表现是构造观察、思考到最终创造的有效手段和形式经验。它取决于创作者对物象的认识程度，也依赖与创作者的表达能力。最终体现在他对整体抽象形式语言的把握和确定。这也是基础训练的技能核心要求，在此基础上内容、方法、手段、目标才能得以实质性地达到即"渔"的实现。

有很明确的创造意图和创作计划，并去实现它。目前的基础训练更多的停留在作业阶段，学生跟着教师照葫芦画瓢，千篇一律，很少有创作意识和精品意识。引导学生把每一张作品当作创作来完成，创作就要有个人鲜明的个性和独立的想法。

这正是"渔"——从观察、思考到最终实现创造其实是从内容、方法、手段到目标创新的过程，需要我们经过长期积累，形成有效手段和形式经验。这不仅取决于创作者对物象的认识程度，也依赖于创作者的表达能力，也是美术基础造型训练的技能核心要求和最终目标。

四、结语

建筑设计通过技法、技术与技艺以实现美的规律，发现美、创造美是建筑设计得以不断发展和创新的根本所在。作为高校教师应尊重建筑专业学生的专业特征，在有效的教学时间内使美术基础课程既能巩固造型技法能力，又注重创造和创新能力的培养，这过程需要教师从理论、技法上不断充实自己。如何利用"渔"去得到更多、更好、更加不同的"鱼"是我们正在走和走不完的路。艺·美

童祇伟 昆明理工大学讲师

参考文献

[1] 李延龄.建筑绘画与表现技法.北京：中国建筑工业出版社，2010.

[2]（英）库克. 绘画：建筑的原动力.何守源译.北京：电子工业出版社，2011.

[3] 王振复.建筑美学笔记.天津：百花文艺出版社，2005.

[4] 唐文，张华娥.建筑铅笔风景画写生技法与作品分析.北京：化学工业出版社，2009.

[5]（德）瓦尔特·赫斯.欧洲现代画派画论.宗白华译.桂林：广西师范大学出版社，2002.

建筑学专业钢笔画写生教育实践感想

文 / 赵向东

建筑设计思维中的空间形态认知对建筑学学生专业能力培养十分重要与关键。徒手线条表达正是服务于此,是任何方式都无法替代的。由于计算机应用技术在建筑专业近二十年的迅速渗透,当今建筑学专业的学生无不由电脑伴随成长,他们从大二开始就大量使用计算机进行辅助设计,同时建筑美术课程的普遍压缩,使徒手画训练在建筑学专业学生中关注度渐渐降低,从而使建筑设计阶段必不可少的手工草图推敲也受到冷落与误解。

建筑学专业的基本功并非指画功,而是通过艺术表现的操作,训练出敏锐的空间、轮廓、比例、尺度、风格、明暗调的感觉,是对学生审美认知能力、学生全面的艺术协调能力的训练与培养,极具综合性与趣味性。熟练驾驭线条进行构思贯穿了建筑师的职业生涯,这是中国传统画论中"意在笔先"的生动写照。在思维过程中第一时间将头脑灵感进行迅速誊写,最有效的办法仍然是人笔合一,用最简便的方式不假思索地同步再现出头脑中的图像,至少目前尚无成熟电脑技术达到这个要求。建筑学学生在设计中常常忽略甚至无视建筑应有的细节表达、比例的至臻推敲,及整体的图底叠加所造成的视觉关联意义。其原因是因为欠缺美学构思,欠缺处理整体关系的能力,缺失有效的图像映射训练所造成的。

建筑学专业培养,当务之急是需要积极重视教育中美学意识的培养。建筑钢笔画写生训练,正是有效地提升建筑艺术思维与空间艺术表达的手段,对相关专业素养的熏陶有着重要意义。笔者在常年建筑钢笔画教学实践中积累了点滴感想与体会,抛砖引玉,以供建筑学子与爱好者参考并探讨。

一、建筑钢笔画写生工具和写生对象选择方面的体会

钢笔画并非美术的核心画种,甚至钢笔画较多扮演着配合建筑设计及艺术设计专业搜集资料、训练表现技巧的角色。建筑风景钢笔画本质上属于线条艺术表现,它是一种受工具限定较大的画种;但它同时恰恰由于工具的即得性及便携性,一直是建筑学及相关专业普及程度最高的专业基本功训练手段与画种。

理论上讲,任何能正常书写的笔均可作画,画到一定阶段就会对工具越来越敏感;某些业内口碑较好的适用于艺术专业的知名国际品牌钢笔,柔韧度适中,的确是不错的选择。不过钢笔作画最主要的还是人的因素,笔是次要因素;价格较高的名牌笔并不一定就是唯一的选择,视各人手感细微差异可以自由选择。可以根据个人的兴致选自己的画笔,多试一些,亲手感受笔尖的刚度、流畅度、柔韧度、稳定性等,常常可以在一堆价格低廉的笔中找到一支各方特性达到平衡的自己喜欢的笔。

另外,由于每支笔在握感、笔尖压感等都会有微小的差异,故应多备几支常用的得心应手的钢笔。并建议专门准备一支流畅的美工笔,以处理有时会出现的宽线条表达。近年能见到一种笔头渗墨口呈现十字交叉状的,可以在手中转动更换位置。在运笔熟练情况下可以大胆使用,可以有很好的线条变化效果。

在纸介的选择上,应当说钢笔作画用纸要求不高。无油质,无蜡质,不洇晕,不粗糙,较为平滑的略厚一点的纯色纸张即可。目前各种钢笔画速写本品种很多,可根据需要选用;质量较高的透明草图纸也是不错的选择。

建议经常选择动物或动物造型雕塑物等有动态生命感的实体作为写生对象,这非常

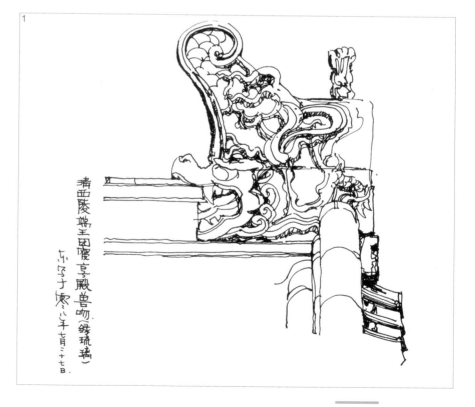

图 1 清西陵端王园寝享殿兽吻

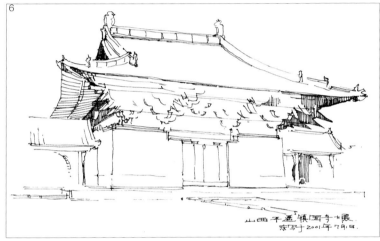

图2 颐和园智慧海东北檐角
图3 承德普乐寺坛城西北角塔
图4 敦煌月牙泉月泉阁
图5 阆中巴巴寺内景
图6 山西平遥镇国寺大殿

有助于训练形神兼备的绘画习惯与作风（图1）。还建议选择有着精巧整体比例、复杂线条体系、复杂明暗体系及复杂质感体系的古建筑单体或组群作为绘画对象（图2~图4），有利于训练对复杂形体的把握能力，以及宏观与微观的关系处理能力。选择古建筑为写生创作对象十分入画，锻炼价值更大，更能发挥钢笔画表现的优势。据笔者多年的钢笔画写生经验，类同于墨具五色、以少见多的钢笔写生在表达中国传统画论中的意境方面是有画面感优势的，古建筑甚至可说是最适合运用钢笔表现的对象之一。如果从建筑学专业高度上审视，对古建筑为对象进行创作，不仅是美术训练与造型训练，更是对传统文化的加深理解及对建筑初步与建筑历史的综合培训。对建筑设计思维也有着潜移默化的作用。

二、建筑钢笔画写生教育实践感想与小结

画手必须认真熟习典型长短线条准确到位的勾勒，做到心到即手到。充分认识自己在线条表达时的一些例行习惯，并总结哪些是需要改正的不良习惯。例如起笔收笔时是否容易挑带出小钩笔触，是否刻意于局部而忽视了大关系等；常见有学生画长线条时喜欢蹭着画，由于缺乏信心，这时的手腕往往是僵硬的。

另外有必要论及一个老生常谈的问题。在钢笔画教育实践中都会建议学生们多看名作，多学习优秀的技法。不过笔者在此提醒，勿要亦步亦趋地对优秀的钢笔画作品进行摹写式描画，因为这样会严重影响自身的运笔动作节奏，有东施效颦之嫌，反而失去了锻炼价值。每个画手自身的手法感觉相当重要，不要因学习别的作品风格而轻易受到影响。自身风格的形成其实是带有些许先天因素，受到心理历程及思维方式等的影响，每个人线条表达多少都带有各人气质特征。

笔者还建议尽可能进行现场写生创作，尽可能避免参看照片来画，因为这样就毫无写生现场感可言，无法体会空间的动态感受。置身于场景中充满乐趣地作画才是一种难得的享受过程。

很多设计专业的学生绘制钢笔画，常常有一个误区，即如果不满意落笔后的线，就下意识地在同一条线上或附近来回蹭，总想有所挽救；但这样做适得其反，违背了钢笔画的客观规则。钢笔画的特性，画者落的每一笔都将定格于最终画面里，无法像铅笔画、水粉画那样有涂擦掉的余地与可行性。不使

图 7 米兰大教堂
图 8 圆明园谐奇趣
图 9 北海琼岛春阴碑
图 10 颐和园小有天
图 11 避暑山庄远望南山积雪

用涂擦工具的过程，就增加了钢笔画创作的挑战性，在一定程度上充满了艺术创作的惊险与刺激。因此，鉴于钢笔写生本身是一种艺术创作，笔者建议在训练钢笔写生绘画从一开始就不要偷懒养成用铅笔打稿的习惯，因为用不可更改的线条进行二维形态表达本身就是钢笔画的魅力与乐趣所在，体现着钢笔写生的艺术与技术含量。

不过事实上，钢笔画线条表面上看似落笔后不可更改，但熟能生巧，必要情况下还是能够运用一系列线条组织对偶有失误的线条造成的影响进行调整与补救的；这个需要具体问题具体分析，而且需要相当的实践经验后才能准确判断怎样组织线条进行整体线条关系中的微调与弥补（图5）。

受到野外调查工作的限制，留给钢笔画写生的时间往往是局促的。这貌似对创作不利，但事物总具两面，紧迫时间的倒逼反而能使画者迸发出更多的艺术潜力，通过全力投入来调动相关小肌群的最佳效能。这恰是利用短暂的游散时间加强训练的绝好机会；过程不假思索、酣畅淋漓，全凭惯性驾驭画面，笔触也随机展示生动的气韵。在某种意义上说，高速勾勒比精细刻画更能体现钢笔画的魅力。

根据笔者实践中的体会，一个理性的作画顺序，第一笔的整体控制非常关键。它直接决定了构图与比例关系。接着就是接下来同样重要的几条控制线（可长可短，或只是一个或几个点），基本上就能做到控制住整体尺度红线，便于全面联动，分片展开。例如图6所示，山西平遥镇国寺大殿，考察之余仅有不到十五分钟的时间，当被这座充满唐风的巨构的风采深深感染，决定速写一幅。由于长期的造型训练以及对古建筑尺度与结构的熟悉，因此落笔迅速而确定，第一笔为正脊上方线，第二笔为正脊下方线，第三笔则为檐口线，然后第四笔、第五笔依次将柱头位置控制线、侧面檐口控制线等重要线条勾勒出来。如图7的米兰大教堂，仅用半小时时间用来作画。由于该教堂装饰繁缛、细节复杂，为适应于现场速写表现，所以采取高度提炼概括的粗线条画法，强调笔触，用宽线条黑墨美工笔一气呵成。

在实地写生时，往往周围有往来人流，不时有驻足观看者，甚至有长时间盯看绘画过程者，在国外常遇有喜欢对现场作品拍照者，这些情况一般容易令涉画不多者心慌而生胆怯。当具备了一定现场作画经验，胸有成竹后，而对观众的捧场，笔者认为这些画外情境反而能转化成为非常的积极因素，它使绘者自身注意力高度集中以更好地发挥。

图 12 同里退思园揽胜阁
图 13 山西太原晋祠圣母殿
图 14 云南大理沙溪古镇魁星楼戏台

建筑钢笔画创作，需培养构图的意识，在纸面上形成优美的视觉张力是画面的灵魂，且周围边角适度留有余地，就连写生后的简要题字也应是画面构图需考虑的一部分（图8）。越到快画完的时候越要小心，因为越画到最后，留给画面空间的余地越来越少，如有疏忽就可能在谋篇布局上憾留败笔。所以，写生过程中越往后可以适当减慢一点速度，以时时观察全局，这也是笔者经验之谈。

受到当今艺术发展潮流与审美情趣的影响，虽然建筑钢笔画作品并不乏个性而抽象的艺术表达形式，但针对建筑专业学生的建筑钢笔画教学主要基于写实性传统来进行。应注意到，创作实践中的建筑钢笔画并非写实度越高就越好，也不是明暗对比越强烈就越好。作为基本功教学实践，建议建筑钢笔画写生应更多使用线描表现（图9），尽量减少阴影涂黑的画法，因为这样容易养成对阴影效果运用的依赖；而且尽量避免易使画面显得僵硬的黑成一团的区域；当表现明暗层次时建议可以更多使用排线，如单向平行排线及双向交叉排线是常用方式，必要情况下可以再辅以斜向排线，如表现远近虚实、多层次的阴影、多层次的山林等（图10、图11）。

钢笔画写生不仅是线条的必要堆砌，更重要的是顺应并创造线条的情感因素，恰当地处理疏与密的关系，例如画面中何处重点表现、何处轻描淡写、何处一笔带过等的节奏感需要符合美学规律（图12）。艺术地再现，艺术地构图，以及适当的留白技巧，归根到底需要建立在日积月累的艺术素养和艺术意识的积淀上，这正好与艺术理论课程方面形成有机互补。所以，最重要的还是艺术认知的功底，诸如空间认知能力、造型表达能力和对场景意义的诠释能力等等。作为图像的钢笔画不仅应具有符合逻辑的形式美感，而且在钢笔画创作的较高层次上需追求象外之意，需要形、神、意的整体度的把握（图13）。

总而言之，建筑钢笔写生，技法和工具简单，时间随性，场地条件要求也不高，但也自有相当难度，难在它蕴含着任何画种都应有的美学意境的把握与传达。当一路走走画画，放松心态，现场情感融入了写生过程，每幅建筑钢笔画也就最终定格而变成生活的一部分（图14）。筑·美

赵向东　北方工业大学建筑与艺术学院

俄罗斯造型艺术解剖学与素描的再认识

文 / 李学斌

解剖学与素描之间有紧密的关系，如同舍辅岑柯·巴维尔教授所言："没有掌握解剖学也就没有艺术成就。如果完全按照解剖学，艺术就没有意义，也就是由于对解剖学的理解和运用才使艺术得以存在和发展。"

解剖学知识的掌握程度要靠人体素描写生来检验，同时人体素描写生也离不开对解剖学知识的积累。俄罗斯对人体解剖学高度重视的传统延续至今，造就了一代代著名的美术大师。

19世纪后期形成了契斯恰科夫素描教学体系，至今仍发挥着重要的作用，特别是对艺术家造型能力的提高，绘画技巧的加强和科学教学体系的建立，仍然具有积极的意义。

在我国对契斯恰科夫教学体系不同程度上出现了误读和异化。基本上没有传播和继承到真正的契斯恰科夫素描教学体系。学术界曾经所谓地对其批判，原因很多，但从学术深入研究角度来看显得尤为重要。实际上契斯恰科夫著名的公式："感受—认识—掌握"，以及对绘画关键三要素：科学、智慧与自由性的论述，至今具有一定的理论指导意义。

契斯恰科夫认为素描的真正"技法"如同一项应依照规则加以解决的任务，"技法"是一种综合各相关科学知识能力的体现，被称为简单的艺术形式与高度的艺术境界的综合，素描的技法不是仅靠反复描绘具有娴熟技术就能达到的，而要努力培养"学者"型的艺术家。

俄罗斯造型艺术解剖学与素描非常注重"记忆画法"的训练，他们认为具有发达的记忆、善于记忆和表象刻画对象，对画家来说是至关重要的。不少美术大师都具有非同凡响的记忆力。一般说来，画家创作上的成就在某种程度上取决于他们良好的视觉记忆和凭表象作画的技能。"艺术的力量通常就是回忆

图 1 舍布耶夫的素描，40.5cm×62.3cm，1790 年

图 2 谢洛夫的素描，45cm×28cm，1902 年
图 3 谢洛夫的素描，67.5cm×50.7cm，1903 年
图 4 苏里柯夫的素描，1910 年

图 5 希施金的素描 62cm×40.5cm，1871 年
图 6 萨夫拉索夫的素描 45cm×35cm，1876 年

的力量"对人体解剖的骨骼、肌肉形状、名称的概念记忆，对模特儿瞬间生动形象的感觉记忆，还有就是记忆素描写生中习惯性的错误，所有一切都离不开记忆，记忆训练的手段来自科学的"默画"与"速写"，要求经常以速写的形式画记忆素描，记忆与表象画法贯彻整个素描教学过程，同时对素描技法与风格的追求，契斯恰科夫都给予了精辟论述，从而形成了俄罗斯素描的核心要素。素描的优异表现在绘画的便捷和直觉，看似简单却能深刻，是最先切入艺术创新性思维探索的手段，一直被艺术家所重视，素描特有的美学品质与精神取向是艺术家追求的方向。

我们不应只是停留在对俄罗斯素描介绍梳理的层面，以及介绍解剖学与素描的训练方法等方面，而是要研究这些核心要素形成的原因，以及从写生到联系创作的中间环节我们为什么忽视或者说是缺失。从如何观察客观对象到通过素描手段记录下思维建构的方式和过程，就是一个从"怎么看""看什么"到"怎么画""画什么"的综合认知过程，是一种发现创造性行为。

西方现当代艺术的引入开阔了我们的视野，已经形成了艺术多元化的局面。创作与教学的脱节已是当下面临的突出问题，在五花八门的艺术形式面前，素描教学更应该理清素描的历史发展问题，把握时代的潮流。以科学严谨的学习态度，去研究俄罗斯的解剖素描。

现在我国从大学招生到学院里素描教学，大都还是以契斯恰科夫教学体系为核心的教学模板。这不能简单地定义是好还是不好，其原因很多。我们已经走过俄派素描的全盘肯定与否定阶段，那种带有对思维惯性的停留于风格层面的争论已毫无意义，对素描教学的改革注定是一条螺旋向上的发展之路。我们用历史的眼光去看待素描发展观，去演绎新的素描观，对于素描意义和价值再探索和认知，将引导我们发现无限的可能性。草·美

李学斌　合肥工业大学建筑与艺术学院教授

美在城市空间中蔓延
——西南交通大学跨学科美术教学实践

文 / 舒兴川　沈中伟

摘　要： 审美的多元理解在教学的演练中尤其重要，从宏观层面来看，艺术与设计不仅仅需要美，艺术应该触动人类的灵魂，设计需要满足功能与审美理念。美不是必需的，美的东西有时候过于肤浅、有时候也只是供人消遣和把玩，消遣和把玩对于生命、对于人类的精神需求远远不够。因为，所谓"美"容易泛滥为空间中的装饰，从历史学的角度来看，艺术的真正核心价值应该是不断为安置人类的灵魂找到诗意的家园，在"艺术"的闪耀光环下，我们不断探讨人性的不完美、不断追问生命的价值、不断彰显与追寻时代的归宿感等问题。

关键词： 审美　跨学科　艺术材料　公共艺术　场所

美，寄居于人们的心里，当远古人类在阿尔塔米拉岩洞描绘壁画《受伤的野牛》时，当质朴而单纯的西北民间艺人用生命绘制传颂千古的敦煌莫高窟《飞天女神》之时，当菲蒂亚斯为帕特农神庙的山墙上创作静穆而优雅的"雅典娜"雕塑女神的形象时，当大汉朝的艺术工匠为骠骑大将军霍去病塑造威武、雄浑的战马时……这里就产生了美，也产生了美与空间的思考。

希腊古典美学的最高成就是雅典卫城的帕特农神庙，这是希腊人为了纪念希波战争胜利而建造的建筑，它既是防御强敌的城堡，又是展示美与力量的神庙，建筑与浮雕艺术交相辉映，山墙上的浮雕记载了古希腊的神话故事，这里有许多伟大的战争英雄。18世纪德国历史学家温克尔曼曾用"高贵的单纯和静穆的伟大"来形容这一空前绝后的艺术时期。美，在我们的心里充满着希冀，正如台湾诗人、画家席慕容在给蒋勋先生《美的沉思》一书的序言里写道："美是文化历史长河中所有的悲喜真相。时光终将流逝，然而，美的记忆长存，一整个时代的生命以此为基础，也以此为归宿"[1]。或许，我们每一个时代的学者都会自然而然地思考"美"与"生命"的问题。那么，我们的城市与美又存在什么关系呢？美国著名城市理论家、城市建筑与城市历史学家刘易斯·芒福德先生指出："城市主要功能就是化力为形、化权能为文化、化腐朽物为活灵灵的艺术形象、化生物繁衍为社会创新。城市有三个基本的使命，就是储存文化、流传文化、创造文化。"由此看来，文化与美是城市的灵魂；文化也需要在城市中不断传承与蔓延。

西南交通大学建筑与设计学院的美术教学是基于文化传承及审美拓展的课程组合，我们以"城市公共艺术设计"课程为例，来探讨材料特质与艺术工艺如何介入城市公共空间设计。教学当中，我们也以"公共艺术的场所关怀"为主题展开了一系列的跨学科实验课程教学及思考。美术学系试图以此为契机展开公共艺术对城市开放空间的介入与研究。

一、美的诗意散发——物质、技术、境界

从远古的石器时代到当代，人类文明的演绎一直没有脱离对物质的改造，在距今约一万年的新石器时代，人们就在敲打、锤炼的基础上学会了打磨技术，在打磨、抛光的缓慢过程中，逐渐融入了"情感"；投入了情感的作品就变得拥有了"生命"，有情感和生命注入的石头在"一代一代的抚摸下，变得细致如玉，散发出了莹润的光泽。这也就是中国人称道的"美石为玉"，中国人爱玉，仿佛缘于那久远而蒙昧的石器时代的记忆。正是在对物质的改造过程中，我们产生了对环境与空间的思考。华夏子民自古都愿意在与自然的合一环境中求得愉悦和陶醉。正如古人时常提到："举头见秋山，万事都若遗"，诗一样的生活千百年来一直根植于人们温润的心底。而近三十年来，我们的城市对经济的过度单向认知，导致了城市的乡土文明遭遇了前所未有的侵蚀与蚕食。城市的诗意连同青山绿水都在加速消失，甚至一些学者及知识分子有"故乡沦陷"之论。这种美学的取向，其实是在呼唤"天地有大美"的观念。庄子曰："天地有大美而不言，四时有明法而不议，万物有成理而不说"[2]这是古代圣人对伟大的自然之美的敬畏。

西南交大美术学系的"材料语言与制作工艺"就是基于对物质材料的热爱与尊重来展开实验教学。材料的发现与选择，在当代艺术创作中已经没有了边界，艺术家在对材料的使用上，与其说是一个利用媒材的过程，不如说是一个发现材料的过程。而在我们的教学中，试图引导学生尊重一切材料，探寻材料的自身艺术及视觉属性。在当下媒

1 蒋勋. 美的沉思. 长沙：湖南美术出版社，2014.
2《庄子．知北游》.

美术学系 2013 级 "废弃材料" 的转换实验课程　作者：孔晶晶

材丰裕的时代，信息的便捷使我们搜索材料时更加容易的同时，也让我们变得懒惰，大家缺乏与材料互动的过程，也缺乏探寻材料的"情感"与"温度"的过程。在现代工业技术如此发达的社会里，一切材料都可以被我们发现和触碰，因为这些自然的形态和人工形态，已经形成了特殊的媒介。教学中，我们通过引导大家的再发现与再创造，使材料更为真切地表现艺术与设计作品。

宏观上看，从人与物象世界的关系来讲，人们理解、描述对象世界的过程，无非是向我们周遭的世界积极"对话"的过程。如果说生活的物态世界是无序的、散乱的，那么，我们的艺术家和设计师工作就是为这个散乱的世界建立秩序的过程。以此为契机，同学们在课堂的主动创造性就得到了空前的加强。在教师的引导下，他们

对材料的认知发生了翻天覆地的改变，材料是中性的，并没有高低贵贱之分，重要的是我们如何给予材料以"合适"的功能，赋予材料绚烂的"色彩"，从而让设计的作品"说话"。

视觉艺术的情感传递，从根本上讲是材料被赋予了一个有序的形式，然后将之言语化，最终成为被各种语言、媒材编织、经营的世界。如果我们将人认识物象世界的过程看作是一种与物象的交流、改造、融合、升华的过程，若以此为基础，这就是和谐的、顺势而为的过程，借此达到"托物言情，情境和谐"的自由境界。

二、审美的多元化理解——城市公共空间的介入

任何"物"的形态只有在蕴含了人的智力创造性之后，才具有精神的含义，并区别于天然存在物。"审美的多元理解"在教学的演练中尤其重要，从宏观层面来看，艺术与设计不仅仅需要美，艺术应该触动人类的灵魂，设计需要满足功能与审美理念。美不是必须的，美的东西有时候过于肤浅、有时候只是供人消遣和把玩，消遣和把玩对于生命、对于人类的精神需求远远不够。因为所谓"美"容易泛滥为空间中的装饰，从历史学的角度来看，艺术的真正核心价值应该是不断为安置人类的灵魂找到诗意的家园。在"艺术"的闪耀光环下，我们不断探讨人性的不完美、不断追问生命的价值、不断彰显与追寻时代的归宿感等问题。

现实的教学中，美术学系也不断探讨审美观念与艺术形式如何融入城市空间中，在教学中我们更倾向于引导同学们进入"具有审美内涵的再创造"。从城市空间场所的精神含义上来讲，通常意义称街区与建筑空间为场所，场所就是实体空间里承载了可触摸的肌理、可交流的情

2010 级 "陶土的想象" 主题课程
作者：沈洁

"野菊花"，美术学系 2014 级课程实验作品，材料：树叶、金属　作者：王佳乐

"此时此地"，美术学系 2014 级课程装置作品　作者：南迪、祝贺桐、胡虹芬

感、可传承的故事……不言而喻，情感是场所的"主人"。从城市公共艺术设计的视角来看，我们期待城市更多地提供一些具有美学价值的场所、有独特意味的场所、多一些能讲出故事来的场所。若此，这个城市也许就更有魅力了。

　　当代城市化进程迅猛发展，美术学系应运而生地开设了"城市公共艺术设计"这门课程，课程教学的根本目的是为了引导同学们更多地关注我们的城市、唤醒城市中的人们尊重历史的记忆、尊重空间中的文化特性。艺术的语言是一种可以控制的语言，它的语言特征是用来描述和表达那些也许用言语无法描述的事物，即从基本原理到

艺术形态的再造功能。原理性的学术研究，是一种基础建设，泛指事物发展的根本和起点，其中包含了两方面的内容；一是有关乎生活物态的基本概念、基本属性、基本形态、基本规律的知识和技能；二是无论时代发生怎样的变化都时常起作用的形式语言表达训练，以及运用那些基本概念的情感及精神传达手段。

　　"物"的形态是由元素组成的，其形成逻辑有它自己的规律，一切物象又都含有类似的一些最简单、最基础的元素，并由这些最基础的元素组成或融汇而成。无论是无机形态还是有机形态的客观世界都会在理性的设计基础上形成系统。客观地

说，这既是物体，也是形象；既是视象，也是物象。

　　如果说场所中形式的本源意义是指向这种不断追寻的精神，那么场所与空间作为一种精神的实现而成为艺术。场所作为艺术是对那种精神的本质不断进行反思的结果，从这个角度我们不难理解，场所其实处在不断地变化和更新过程之中。踏过城市的每一条街道，我们都能找到历史的故事、时间的记忆、岁月的乡愁，走过每一条巷子我们的神思都会停留、我们的心灵都会深深地为之感动。城市有艺术的介入，这样的城市才具有丰富的人文气质，这才是具有魅力的城市。

三、美的匠心——城市公共艺术的创作及制作

　　西南交通大学建筑与设计学院艺术板块有以下三大实验室：雕塑工艺实验室、陶瓷工艺与制作实验室、壁画与材料实验室。在实验室里，同学们在学习传统工艺技法、工具技能的过程中，也在不断实验公共艺术材料与工艺的新语言。在教学中，不求广泛拓展，但求静心深入。教师要求大家更多地回归到审美与工艺的原初体验，即当下时代所倡导的"匠人精神"。

　　作为"城市公共艺术设计"课程的前期衔接单元，美术学系开设了一门"装置艺术"的课程，本课程把材料与工艺的概念简化为"形式语言"的问题，这样就把课程研究所要解决的问题集中在形式方面。同时，把形式理解为："通过自然的提炼后形成功能的价值，体现材料的内部环境适应外部环

美术学系学生金属焊接工艺学习过程

"红蜘蛛"，美术学系学生金属焊接公共艺术作品，作者：李成虎

考，无论对于艺术创作还是城市设计，形式语言的深度研究对同学们都是非常必要的。

在教学中，我们不会把平面构成、立体构成的基本逻辑作为形式的主要学习方式，而是在此基础上通过材料的个性化思考灵活地运用形式语言，并且力图从周遭生活所见、所闻的材料转换来阐释形式在空间中的视觉作用、功能目的、精神感染力等。传统画论与民间工艺美术中总结出来的一些形式法则当然也是有效用的，传统法则可以成为融合现代设计构成法则的重要方向性基础。美学品鉴方面的理论是"形式语言"课程中必须加以研究的内容，这可以更好地从美学角度阐释形式的必要性，从而将"有意味的形式"引入课堂思考。

课程单元分为："维度与平衡"课题研究、"色彩与肌理"课题研究、"空间与序列"课题研究。以上三大课题研究形成了材料的形式语言研究的基本脉络，第一大课题"维度与平衡"，探讨对称与平衡、放射与聚集、局部与整体、渐变与解构、分解与整合、简约与繁茂的视觉语言方式。第二大课题"色彩与肌理"，探讨色彩的对比、色彩的协调、色彩的冷暖、色彩的肌理错觉、色彩的象征、色彩的心理、色彩的精神性格、色彩在材料中的请改属性等表现方式。第三大课题"空间与序列"，探讨空间与平面、崎岖与平坦、活动与静止、褶皱与平整、序列断裂等表现方式。

基于三大课题的研究与演练，同学们基本能够与材料进行对话，能够理性地把杂乱无章的物质内容加以处理，使之成为一种秩序，也就形成了形式的美感。因此也可以说，形式通过精心的设计而产生，而设计运

境的体系"，这样就扩大了对形式表现的理解，也把法则和原理有机地联系在一起，超越了过去对形式的固化理解，并能够使学生从生活中、自然里不断地去发现形式创造的新的可能。另外，我们结合从古代到当代的各个时期优秀的艺术形式与设计形式的

范例来讲授课程，让学生认知到形式语言的效用在艺术创作与设计中具相似和不同的表现力，也就突破了原来局限于对构成的抄袭、对符号的临摹、对图案的挪用等样式主义的教学方法，使得形式语言的教学实践更加有个性与活力。因为，从长远的角度来思

美术学系学生在探讨作品的公共互动性，作品："雨知时节" 2014 级

用形式语言的法则，以充分发挥材料的自身特性为前提。以材料的使用功能与审美功能统一为最高目的。从现代设计史中我们也可以明晰地看到风格的演变是时代审美的观念和技术革命进步的结果。但形式语言本身是来源于人类的基本视觉和触觉本能。由此看来，材料的形式语言对艺术与设计的启发是不可忽略的过程。从艺术的角度阐述形式对于精神的表现作用，进而体现出设计的效用、审美的内涵。

以艺术介入生活，以艺术对话城市是公共艺术家与设计师的使命。公共艺术家通过改造大家所生存其间的那个世界的物像序列来反映"公众的生存经验"以达到美的传递。一方面是对居于正统地位的传统艺术的某种超越，另一方面是对现代主义过分追求的纯粹情感和纯精神性而把一般大众拒之门外的一种反叛。

"公共性"是公共艺术实验的基础，正如翁剑青先生解读的那样，"公共艺术也是对自命高高在上、目空一般大众审美经验的'高雅艺术'的蔑视和抗衡"[1]。当生活美学融汇于艺术美学之中时，城市的浪漫和多元格局就自然建立起来了，市民个体的生命精神就得到了的自由、自在的流露。

18世纪，巴托在他最有影响力的著作《归结到同一原则下的美的艺术》（1746年）中做出了系统思考，才有了对于"美的艺术"的划分。巴托把各种艺术细分为实用艺术，美的艺术（包括雕刻、绘画、音乐、诗歌），以及一些结合了美与功利的艺术（如建筑、雄辩术）。由于近代西方学术界越来越强调艺术与美的关系，终于形成了所谓既定的艺术概念，艺术概念与美的分类很多时候带给了我们沉重的负担，也给予了我们诸多限定。追忆往昔是为了成就未来，认清脉络是为了在自由中坚守的。

最后，让我们反思一下在综合大学里美术学科教学与研究的方向性问题，西南交大建筑与设计学院一贯主张对于"思想"的梳理，例如："设计与文化"的跨学科研究、"材料与工艺"的个性化研究、"城市空间与公共文化"的表现研究等，学术的思想引领着教学实践的方式。因此，我们美术学科的教学在当前也越来越多地倾向于城市公共艺术美学的研究及实践。反观当前城市环境改造和城市建设所面临的机遇和挑战，美术融入城市"生活美学"的拓展中来是必然的趋势。正如台湾学者蒋勋先生谈到："'工艺'、'艺术'、'建筑'、'美艺'，在漫长的人类文明史中，它们是血脉相连又时时发生对立争执的兄弟"[2]。历史的时间进入当代，

生存的艺术化与艺术化的生存，成了当今人类的重要渴求。美术与设计的融合才是未来伟大的"美"的事业。荥·美

舒兴川　沈中伟　西南交通大学建筑与设计学院

参考文献

[1]（美）阿瑟. 丹托. 寻常物的嬗变——一种关于艺术的哲学. 陈岸英译. 南京：江苏人民出版社，2012，2.

[2] 蒋勋. 美的沉思. 长沙：湖南美术出版社，2015，2.

[3] 韩巍. 形态. 南京：东南大学出版社，2006，3.

[4] 周至禹. 设计基础教学. 北京：北京大学出版社，2007，10.

[5] 刘向华. 城市山林——城市环境艺术民族潜意识图说. 北京：中国建筑工业出版社，2015，10.

[6] 翁剑青. 公共艺术的观念与取向. 北京：北京大学出版社，2002，11.

---

1 翁剑青. 公共艺术的观念与取向. 北京：北京大学出版社，2002，11.
2 蒋勋. 美的沉思（2014）. 长沙：湖南美术出版社，2014.

《景观手绘表现》课程的改革与实践
——以中国美术学院艺术设计职业技术学院景观设计专业为例

文 / 夏克梁

以就业为导向的人才培养体制，使得手绘课程在全国高职院校景观专业的教学体系中日益凸显重要性和必要性。笔者所在的中国美术学院艺术设计职业技术学院，立足于本校环艺系的景观设计专业，以课程的改革为契机，通过多年的教学实践，建立以技法练习与实践运用紧密结合的指导思想，探索模块化的课程组织和具体实施方法，增强专业课程与手绘课程间的联系与协同，建构一套既有本校教学特色又符合高职教育同类专业共性特征的教学体系。

一、构建景观手绘表现相关的课程体系、教学内容和教学方法

景观手绘表现图在追求功能表述的基础上，也需满足于视觉效果，具有相对独立的审美特征。它建立在专业性和真实性的基础之上，通过合理地借助夸张、概括与取舍等艺术化的处理手法，达到实用与审美的有机统一。因此，必须要建立造型基础课、专业制图课、透视课、专业表现课等完整的课程体系，并要合理安排好每门课程的教学内容，采用得当的教学手段，经过长期的训练，才能达到明显的效果。

首先，根据专业的培养目标调整课程体系，将原有《专业绘画》一个单元课程调整

教师示范作品

1 单体塑造示范（夏克梁）

2 单体塑造示范（夏克梁）

3 单体塑造示范（夏克梁）

4 元素组合示范（夏克梁）

5 元素组合示范（夏克梁）

6 元素组合示范（夏克梁）

7 景观小品示范（夏克梁）

8 景观小品示范（夏克梁）

9 景观小品示范（夏克梁）

10 空间遐想示范（夏克梁）

11 实践训练示范（夏克梁）

12 实践训练示范（夏克梁）

为《景观手绘表现一》和《景观手绘表现二》两个单元的课程，并将原来的108课时（6周）增至144课时（8周），分别设在第二学年的不同学期。同时，前期还辅有《造型基础》《钢笔画》《透视》和《制图》等课程，使手绘表现课形成一个系统的课程体系。

其次，在教学内容的安排上，应充分考虑到生源和专业特点，寻找合适的切入点。从表现植物单体出发到景观元素组合，从景观小品表现到空间的遐想组织，再到设计的表达运用，强调以植物绿化表现为主线贯穿始终。并将各教学阶段的教学内容模块化，且在每一个单元的最后阶段加入与设计课程紧密相连的教学内容，安排了实践应用的训练，加强了学生的设计表达能力。

再者，改变原有教师理论讲解、学生课堂训练的单一教学方式，可通过理论讲解、原理分析、作品点评、动手示范、交流互动、作品欣赏等方法，结合每阶段的评分、课堂考试等手段，让学生清晰、明确地掌握技法要点，使学生学习该课程目的的同时也促进其手绘学习。

二、构建易懂、易学、适用的教学模块

在内容的安排上，我们应避免以往以临摹作品等内容为重点的技法训练，而要构建一套适宜于高职学生学习且易懂、易学、易理解、注重实践运用的课程体系。强调先易后难，采取"进阶式"的训练方式，分模块解决各环节中面临的问题，循序渐进地提升学生的手绘表现技能与应用能力。

单体塑造模块： 植物是景观手绘图中最常见、最基本的元素。植物形态多样、复杂，但相比整个画面却简单，容易理解，十分适宜作为高职类学生的练习对象。因此，表现植物便成为学习手绘图的第一步，通过单体（植物）练习，可以从中理解绘画的基本原理、用笔用色的基本方法和规律，并能锻炼学生的塑造能力。

元素组合模块： 元素组合练习是单体塑造练习的进阶。在掌握好表现单体（植物）技能的基础上，通过两个以上单体元素（植物与植物、植物与景石、植物与其他元素等）的组合训练，了解并掌握构图的基本原理、物与物之间的空间处理手法，培养学生刻画物体细节的能力和画面的组织能力。

景观小品模块： 景观小品是指在元素组合的基础上，再加入更多的景观元素，形成一个较小、较完整的空间（场景）和画面。在这一模块的训练中，着重锻炼学生的空间表达能力和艺术地处理画面的能力，以及培养画面的整体意识。

空间遐想模块： 空间遐想练习是景观手绘表现从技法练习到实践运用的过渡环节。这一模块试想通过某一景观构筑物（桥、

学生优秀作业

1 单体塑造练习（池晓媚）

2 元素组合练习（徐锴）

3 元素组合练习（樊佳怡）

4 景观小品练习（白苗苗）

5 景观小品练习（莫剑尧）

6 空间遐想练习（高明飞）

7 空间遐想练习（王康丽）

8 空间遐想练习（吴桐）

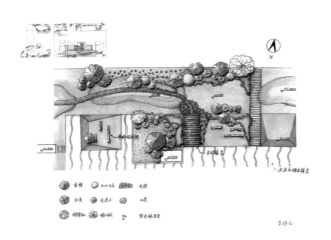

9 实践训练（王巧儿）

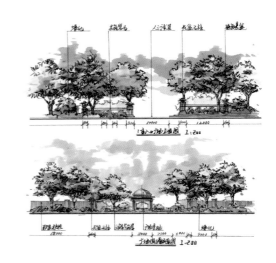

10 实践训练（梅辉辉）

11 实践训练（吴佳丽）

12 实践训练（李翔翔）

亭及其他一些城市家具）为固定的主体对象（母体），更改其所在的环境，使之成为不同的景观场景。这种命题式的场景联想与组织练习，培养的是与景观设计密切相关的空间场景的创造能力和想象力，同时也为学生从技法练习到实践运用的过渡奠定了基础。

实践训练模块： 在这一模块的训练中，需要与设计课程之间的相互协同，在课程中引入设计案例进行实践。具体可采用学生自己的设计项目（作业）进行手绘表现训练。这种方法既能解决设计课上方案表达的问题（课程改革后，我们每一学期以一门设计课为主体，手绘表达、电脑表现、植物配置、材料施工等课程相互穿插，专人辅导），又能在手绘表现课上得到了很好的实战训练，实现了表现技法到实践运用的零对接。这一模块通过设定符合教学内容要求的案例，将学生在课程单元内学到的绘画能力和手绘技能与发展目标相结合，实现从学习到实践的转换，体现课程学以致用的目的和意义。

三、构建以实践运用为目标的课程评价体系

为了更好地贯彻以实用为导向的教学理念，在景观设计手绘表现教学过程中，制定合理的课程评价体系，将对学生的手绘学习起到决定性的引导作用，因此，建立一套以实践运用为主要目标、以表现技法和图面效果为次要目的的评价体系是很有必要的。具体而言，不再以画面画得真实与否、技法好坏与否作为核心的评价标准，而是以设计的表达是否准确、到位，画面元素组织的合理性、空间关系的艺术性等方面作为重要的衡量条件，结合学生课程学习的态度、是否能及时完成阶段的作业任务等因素的多元评价模式。

通过多年的改革与实践，学生技法的进步明显，绝大多数同学都能较为熟练地掌握手绘表现的基本技能，在设计中的应用能力也比以前有了较大的提升。在后续的设计课程中，学生都能熟练运用手绘来表达设计意图，表现设计效果。更重要的是较多学生利用手绘这一特长，就业时能找到理想的工作单位，并且手绘技能在他们工作中也发挥了极大的作用。为了更好地适应社会需求，培养具有较强手绘表达能力和创新能力的景观设计人才，高职院校景观设计专业必须建立一套以实用为导向、易懂易学易掌握的课程体系。花·美

夏克梁　中国美术学院艺术设计职业技术学院

造型空间艺术教学与拓展

文 / 刘秀兰

摘　要： 将泥塑、陶瓷雕塑、陶瓷绘画等多种造型艺术课程作为艺术基础课程投入教学实践，挖掘学生想象力。培养学生将设计构思转化为可视实体，并提高艺术素养，融入建筑等多学科的基础学习。

关键词： 雕塑　多学科空间造型　教学实践　艺术修养

一、教学目标与发展

在以往的建筑教学中，美术都是作为基础课程之一参与教学，在当前教学日益多元、强调创新的建筑教学实践中，将各式各样的创新课程，作为建筑美术课程教学改革的重点实施项目，投入当前的教学实践中，对于更深层次地挖掘当代美术基础教学的规律，拓展教学的思路具有重要意义，例如雕塑、陶艺、空间造型、陶瓷绘画、浮雕、瓷雕、砖雕等。在教学过程中，注重培养学生创新思维，将建筑专业的特点与造型艺术表现相结合，一方面帮助学生完成对空间的体验以及空间的创造和设计，另一方面是让学生养成对空间整体考虑、对细节反复推敲的习惯，使学生能够更好地把握空间。从传统艺术的创作方式中开拓创新，以期学生在专业上得到更好的学习和发展。

在学校层面，围绕学校的建设目标，结合我院的学科优势和雕塑教学已有的成果积淀，把雕塑空间艺术向其他相关交叉学科拓展取得良好效果。

营造雕塑空间艺术教学环境的氛围，目的是提高学生的艺术修养与审美能力，并且用立体的造型语言进行形象思维、开阔视野。通过教与学的过程，实践教学优化的理论。通过自己的技能技法来优化教学过程，提高学生的学习效率，提高艺术修养。通过不断改进、创新、再改进、再创新的教学方法，建立了一整套适合各专业的教学体系。逐渐引起众多的学子的兴趣和关注。这一课程的突出意义在于训练学生将自己的创意变为可视实体，最终能让学生在今后的学习和工作中全面的发挥造型艺术的作用。

训练学生掌握泥塑基本方法的同时，培养他们对造型艺术有深入的理解并将自己对于艺术的独特理解转化成雕塑语言加以表现，充分发挥学生的想象能力和创造力。从而培养学生具有对抽象艺术与具象艺术能有丰富而独特的艺术理解与审美感受。

1. 通过课堂讲解和作业分析，使得学生初步掌握泥塑的造型基本语言，并能通过自己对泥塑特性的理解，独立完成雕塑作业。

2. 学生在掌握泥塑的基本方法的同时，培养他们对造型艺术有更深入的理解并转化成雕塑语言加以表现，充分发挥学生的想象力和创造力，培养学生对抽象和具象雕塑的理解与审美能力。

3. 在教学和交流中，通过学生的学习使学生更清楚的认识雕塑艺术的重要性，并认识到自己与雕塑艺术之间的关系，以培养他们的艺术品格。

二、教学内容

雕塑艺术课程是面向全校各专业学生的艺术教学课程，重点在于传授专业知识、技能技法和培养艺术审美能力，在这二十多年来的教学实践中，我孜孜不倦地探索、钻研、改进教学方法。教学过程中用各种方式引导学生理解雕塑、亲近艺术，掌握雕塑艺术语言及塑造方法。在与学生的交流中，我常常被学生们的青春活力和蓬勃的想象力触动，也激发了创作的灵感。

在课堂教学中，针对我们建筑城规学院学生和全校各专业学生的特殊性，是根据每个学生的特点实施教学，以增强学生相互影响的学习氛围。课堂作业强调挖掘学生敏锐的观察力，在课外要求大量地观看资料和各种艺术展览等，多多接触艺术的熏陶，不仅能提高艺术审美的能力，还能积累大量的创作素材。

专业知识和实践相结合是本课程的一个重点，希望借以达到培养学生全面修养和深入细致的塑造能力的效果。使学生较好地感悟到将传统艺术与现代艺术相糅合的要领。我常常思考将雕塑技法技能和概念注入教学当中，因为雕塑不仅仅是工匠程式化地制作，更重要的是在雕塑的过程中融入自己的艺术体悟。这个过程只能是循序渐进，由浅到深地进行，从而引导学生领会特有的艺术语言，如空间、体积、块面、节奏、形体、韵律等。培养学生用造型艺术语言进行想象与艺术创造。

1994年我为本院初次开设雕塑课，2002正式开设全校雕塑通识课程，后来为拓展艺术教学，2012年又开设了国际双语课程以及2016年研究生造型空间艺术课程。给学生有了良好的艺术学习平台，对传播中华艺术和加强国际交流具有重要作用。

在教学实践的基础上，该课程又新增了综合材质方面的教学实践，在传统的雕塑艺术的基础上融入了当代艺术领域的材质实验，为这门课程继续拓展而努力。

课程内容：

1. 讲述雕塑艺术发展过程和国内外名家名作欣赏。

2. 实践动手制作平面画稿制成雕塑（体验三维空间的雕塑语言）。

3. 设计创作头像或半身像制成雕塑（夸张或变形）。

4. 命题创作制成圆雕（发挥学生想象力）。

5. 自由选稿制成圆雕（抽象雕塑），选择室内外环境空间进行设计创作。

6. 空间构造，选择板材、线材、块材等综合材料运用设计创作构想。

本课程在于训练学生打好造型基础，把握空间造型的技巧，合理地引导他们树立造型空间意识，时间意识，强调对材料的控制和对效果的把握。充分发挥学生的想象力和创造力，让学生体会到中国传统文化的精髓。

在教学中强调5点要求：

1. 运用启发式，开发想象力，调动学生学习的积极性。

2. 掌握造型艺术的基本理论，基本概要及基本功训练。

3. 对造型艺术有正确的观察方法和塑造方法。强调造型的理解和技能技法的把握，具有敏锐的视觉观察力和判断力，与专业相匹配的严谨的表现技巧以及创新思维。

4. 培养具有一定的想象力、审美观、创造力。

5. 有宽广的艺术视野，锻炼也是修养，提高艺术创新和专业所需的艺术鉴赏力。

三、学生创作感想：

作品名称：《变体头像——少女》
作者：陈佳铄

雕塑感想：

本创作的手稿是抽象画，我的理解是一个抽象化了的女性形象，五官的位置颠覆了常规认知，初看不知所云，细细品味却有一种抽象的美感，同时也运用了写实的手法。头像的下半部分即脖子和肩膀部分，我想呈现雕塑立体的体积感，于是用长木条拍出了平整的无规则的几个面，表现出几何美感。衣领部分较写实，但也分成了一大一小两个部分，形成对比。头像上半部分是写实的头饰。头像的面部是整个作品最吸引眼球也是难度最大的一部分。首先正中央是近似于矩形的鼻子，是抽象的鼻梁，眉毛和眼睛也抽象到了鼻梁上，眉毛简化成一字眉，眼睛也是卡通的效果。鼻梁下方是抽象的嘴，形状是台体，棱角分明。面颊抽象成水滴状，面颊下部刻出了小缺口，是抽象后的嘴。不对称的短发体现出了错落感。整个作品重点在于立体的体积感和抽象的美感。

作品名称：《神圣的老人》
作者：张 堞

雕塑感想：

雕塑《神圣的老人》取材于教堂中的主教形象，结合主教日常生活中与教堂中的不同形象，通过对其特点的提取和抽象，展现了老人庄重肃穆的形象，同时又体现了其慈祥善良的一面。

雕塑体量适中，高30厘米，宽20厘米，主要刻画了老人头部和颈部。在老人的头部刻画上，着重于表现其神秘、庄严的面部表情。老人高高的眉骨和浓重的眉毛，加上深陷的眼窝，显得眼神尤为坚定深邃。在鼻子的刻画上，我抓住了西方人高鼻梁的特点，结合颧骨和眉骨，创造出了凹凸有致的面部形态。在嘴和胡子部分的处理上，我为了突出老人年迈苍苍却风度翩翩的特点，塑造了茂密的胡须，胡须的生长预示着生命的蓬勃向上，更加体现出了老人的神圣。到了脖子部分，老人修长的脖颈具有抽象意味，与真实不同，突出了老人脖子、头部的富有棱角的线条。

整体看，从头部、眼部、面部到颈部，老人的每一个神态无不体现着历史与时间的奥妙，正是这种简单的造型蕴含着深奥的内涵。

作品名称：《爱因斯坦》
作者：苏奇华

雕塑感想：

以前学过一段时间绘画书法，以为纸上的作品有强大的表现力。直到在博物馆看到真真切切的立体雕塑，感受到雕塑更具真实、立体、独特的魅力，让我对雕塑兴趣渐浓，很幸运，这个学期我"抽中彩券"，能在刘老师的指导下进行雕塑课的学习。

通过泥塑学习大体了解整个制作的过程。从搭支架到一点点黏土堆砌敲打定型，细部刻画一步步亲手操作，让我喜欢上这动手又动脑的雕塑课。

第二个作业就是人物头像了，我选择了一个大家都熟知喜爱的人物——爱因斯坦。爱因斯坦的头像很有特点，他有宽阔的额头、深陷的双眼、短密的小胡子，让人印象深刻。经过一番设想，我决定从头型入手，将他波浪形的发型先塑造出来。

我很高兴的是，同学仅凭完成发型的头像半成品，就认出了他是爱因斯坦，这让我很受鼓舞。整个头像体积很大，加上头发，做成效果我其实不太满意，脸部竟然有点像鲁迅了。好在有刘老师的及时指导，帮助我修改了头像脸型和耳朵位置，给头像增添了许多灵气，最后的作品让我满意，整体造型和细部如：皱纹、发型、胡子各部分的特点基本塑造出来，一眼就能认出他。刘老师也觉得这个头像有特点，让我留下来翻模，给了我不少成就感。

通过这段时间的实践，我明白雕塑和绘画不一样，眼睛看到的很直观地传达到手；而一堆无生气的泥土在手中渐渐有了生命力，这过程让人很有满足感。希望能制作出更多的雕塑，感受它独特的艺术魅力。

作品名称：《王宝强》
作者：罗西诺

雕塑感想：

作为建筑系的学生对"雕塑"这一艺术的最初接触就是，设计课老师常常挂在嘴边的"具有雕塑感的建筑"。"雕塑感"对于我来说，是注重体量的代名词。雕塑与素描有很大的相似点就是块面的表现。画一个苹果如果没有块面的划分，那么这个苹果一定是一个平面的形状，无法产生立体感；同样雕塑不划分平面也会使作品过于平面化。

第二个雕塑是做人头像。从许多漫画人物中选择，我从一个学过素描的人的角度看出来画中王宝强脸上夸张的块面感。这样夸张的块面是极易使雕塑出效果的。我很快堆出了大的形体，开始细化。这时候出现了一个比较严重的问题，我让周围同学猜我做的是谁，他们都没有猜中，说明我没有做出王宝强的本身的面部特征。我上网查了王宝强的照片，发现他的小眼睛、高额骨及眼部青筋是他的特点。我对这些特点进行了深化，结果表明相似度有一定的提升。对所有面部特征进行刻画之后，我认为自己基本完成。

刘老师在看我的雕塑后，亲手示范和指导，我才慢慢发现自己的问题，雕塑块面需要整体充实。这种充实不是通过手把雕塑表面涂抹光滑，而是要用加泥法填充所有块面体积。把平面的漫画做成雕塑时，首先考虑的是这个漫画是雕塑的哪个视点形成的立体像。否则会出现头背面后脑勺过于平，头发与耳朵无分界等问题。我领悟到细致的观察对做头像雕塑是非常重要的，做之前应该对真实的人脸进行详细的观察。肌肉的起伏和对称性，骨骼的位置都是需要考虑在内的。最初做的五官过于突出夸张，让头像的五官过于生硬。后来我进入了慢慢深入雕塑的阶段，其实这个阶段雕塑的整体并没有什么变化，但正是这个阶段是出细节和完整性的阶段。一点一点修补加泥。我真正体会到雕塑的感觉。

作品是以块面夸张的形式来塑造的，从作品的写实性来说是不像原型的，但是我比较满意其雕塑的体量感，这是我最大的收获。

作品名称：《刘翔》
作者：陈伊凡

雕塑感想：

　　雕塑没有复杂的色彩，只是尽量体现物质材料的本色之美。这就是我喜欢的原因。通过亲手制作雕塑，让我对雕塑有了更多的认识。

　　真正动手做之前，我觉得雕塑看起来似乎不难，可真正地从堆泥开始一点点做时，却发现雕塑并不如想象中容易。大型堆不好，这里凹下去了，那里凸出来了，整个脸做的坑坑洼洼。

　　经过老师的指导，我渐渐明白了应该如何处理肌肉的线条，眼角的细小皱纹，以及最重要的，如何将一个人的神态融入雕塑里，让雕塑"活"起来。

　　看着一大团泥巴在自己的手中一点点成型，变得规则，光滑，看着人物的轮廓越来越清晰，神态越来越生动，除了欣赏之外，我的心里还是满足。而随着我对雕塑理解的加深，我对雕塑的喜爱也越来越深了。

作品名称：《升》
作者：厉浩然

陶瓷雕塑感想：

　　陶瓷雕塑的过程是一个舒缓而自然的体验。先是思维中的构想，随后为平面上的记录，最后为瓷泥的雕刻，每一个过程都存在其不确定性，但都参与了个人的创作。更不用说不同的人要求有不同的创意想法，当然更要塑造出不同的三维形象。于我而言，从泥池中取出的湿泥一旦与手接触，便有了强大的生命力。可能接触雕塑少的人对于这外表脏兮兮的泥块会有抵触，但当双手确实地握住它们之后，多余的杂念便都抛到了脑后，只留下创作的意愿。雕塑在形上讲究"气"，尤其是带有曲面的形体，气顺则形美。当沉浸在创作中后，就应该自信地用双手以及工具去挤压、切割、涂抹，过于谨慎只会打断气韵。在一定程度上，随着手指划过塑泥，顺着那线条，我的压力也便消散了。最后的成品精修阶段，也如同自然的秋收，细细地使用工具修改，便可收获一件佳作。

作品名称：《满天星》
作者：邓可田

陶瓷绘画感想：

　　青花颜料的特点是在陶瓷造型上画各种图案和自己喜爱的画面，起初在瓷瓶上，上颜色看起来是黑色的，深浅较难控制，但又因为瓷瓶本身是曲面的，二维的图案可能会产生变形，于是我想出使用抽象的点的形式产生渐变的效果。颜料的颜色最深，使瓶子重心下沉，给人稳重的感觉，而中部变成白色，让瓷瓶本身的天然白色成为图案的一部分，模糊了图案和颜色的关系，产生具有整体感的效果。

四、教学成果展示：（教学成效）

　　在2001年与团队建立陶艺雕塑实验教学基地，开设全校雕塑选修课程，为拓展造型艺术教学空间，2012年又开设国际雕塑双语课程和研究生课程。从2001年开设雕塑造型艺术课程以来，多次举办学生作品教学成果展，如2004年和2006年举办的学生雕塑艺术教学展；2014年5月在同济大学建筑与城市规划学院大厅举办雕塑造型空间艺术展；2014年6月在华宝楼贯能艺术空间举办造型艺术师生作品展；以及2016年6月至7月在同济大学图书馆举办学生造型空间艺术成果展等等。学生每年都有作品参加"学院大赛展"并获得多项奖项，也参加全国高校手杖大赛作品展并获得十项奖项。在此也获得了大家的赞誉和肯定以及鼓励。花·美

刘秀兰　同济大学建筑与城市规划学院教授

拼贴艺术在设计素描中的空间表现

文 / 赵涛　杜粉霞

摘　要： 拼贴艺术作为现当代艺术特质的某种代表，既符合人们的审美需求，又拓展了新的艺术形式的发展。在艺术设计教学中，将之与素描、空间相融合，来探索不同材质、形状、空间、光影的打散与重新组合的趣味与可能性。通过渐次的课题引导，逐步认识三者的关系和其内在的组织规律，从而更好地把握和使用设计元素。

关键词： 拼贴　素描关系　空间结构　解构与重构

素描之于空间的探索从线性的结构到光影的黑白灰，已基本完成它的使命。然而如何从设计的角度再次发挥素描的功用则成为艺术教育者继续探索的功课。

《设计素描》是为建筑学专业开设的基础专业课，旨在训练同学们的基础形态造型能力和设计能力，同时提高大家的艺术感知和欣赏力。课程的第二学期为创意素描，在素描表现的基础上，以开发同学的设计能力为目的。此次的设计素描课题加入了拼贴的元素，是一个12学时的课题训练，旨在通过拼贴这一艺术手法和材料表现探索空间肌理、解构与重构的空间属性。丰富同学对空间的理解和多样表现，同时提升素描关系中黑、白、灰层次的设计感。

说到起源，拼贴（collage）最早是立体主义艺术家提出来的观点并被正式确认的。其灵感来自于毕加索和布拉克看到巴黎街头贴满层层海报的墙面，而法文Coller就是粘贴东西的意思。在英文中，它是动词也是名词：作拼贴，即将纸张、布片或其他材料贴在一个二度的平面上，创作出一件拼贴作品。

拼贴艺术随着立体主义、达达主义、超现实主义等流派的不断尝试和演变，在艺术形态千变万化的今天，以它断裂、重组、融合等独特的风格表现，逐渐被接受并运用，从而拓宽了其表现的空间。

在此次课题中将空间表现的对象设置为内蒙古工业大学建筑学院的系馆空间，要求同学按照空间的本来面目，用黑白灰的素描关系处理手法对空间进行拼贴处理。

作品要求：1. 体现空间的真实构造、透视和进深感；同时通过拼贴产生丰富的肌理，营造空间的梦幻感；2. 整体在黑白灰的基础上加入自己所感知的空间调性；3. 探索解构与重构在已知空间中的可能性和趣味性。

先来说一下空间，此次课题所选择的建筑是由时任内蒙古工业大学建筑学院院长、国家一级建造师的张鹏举老师设计。建筑由旧厂房改造而来，其风格本身就体现了一种拼贴的重组和融合。老工业时代的巨大空间、红砖灰泥，碰撞着现代的空间解构、玻璃金属，很大地激发了同学对于平面空间的创作热情（图1）。

在这样的建筑里，可随意选择一处自己感兴趣的空间，空间要求具有一定的进深感，这样在黑白灰的调子处理上可以看到明显的明度层次；其次，空间选择在大小、形状等方面要丰富但不杂乱，为拼贴材料的选择创造好的基础。

接着进行空间绘制，要求同学完全按照空间的真

图1

实比例、透视关系绘制空间的结构关系。由于拼贴本身具有很强的丰富性和多样性，因此不适合过于夸张和变形的造型，加之该馆本身具有很丰富的空间尺度和对比关系，具有很理想的空间层次供表现。真实的空间碰撞多变的肌理使各自的优势都能最大化地体现出来。

然后要进行材料选择，拼贴是一种比较随性的表现，拼贴的材料几乎是没有限制的，只要找得到的东西都可以。平面材料：不论是文字片语、残缺图片、大量制作的广告印刷品、报纸杂志上的黑白或彩色照片，

动手剪贴都可以成为很好的材料。除此以外，略带触感的材料也可以使用，比如布、毛线、皱纹纸、乳胶、塑料纸、铁丝等；还有自然材料：叶子、树枝、花瓣、细沙等。这些非平面材料可以设计出表面略有起伏的肌理效果。然而基于素描的设计训练，要求材料的颜色限于黑白灰的明度调子关系之内，允许在自己创作的亮点处使用颜色。其次要考虑材料的形状，可根据自己的风格和空间结构随意调整，重复的几何形具有很强的秩序性和同一性，但使用不好会感觉单调；随意剪贴的自然形有趣而多变，但使用

不好会感觉凌乱无序；因此形状之间的搭配要根据自己的作品风格做到对比与统一。（图2、图3）

材料和空间结构都具备了，就要开始"随类赋彩"了。"类"就是每一个空间结构，拼贴本身是具有解构的偶然美的，但脱离了结构的随意拼贴只会沦为一时兴起的涂鸦，所以要根据已确定的骨架关系进行拼贴。

在操作之前，先确定空间中调子关系的分布，好像画素描从整体入手，观察黑白灰的大关系。根据空间结构，建议从最重的调子开始拼贴。

图2

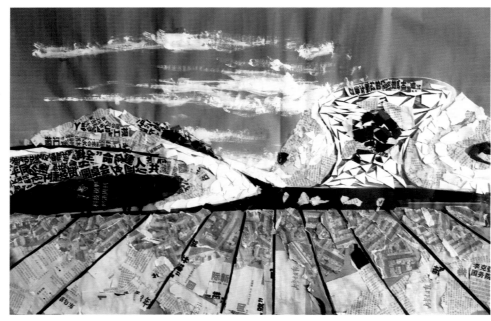

图3

图4 图5 图6

图7 图8

拼贴时遵从两个原则：1. 为了体现拼贴中质感替换、打散重组的概念，要求拼贴材质与原空间材质不同或相悖，使空间更加有趣和生动。2. 对比与统一。在墙面、地面、天空等变化很少的空间根据调子关系可拼贴丰富的形状、多样的材料；相反在凌乱、多变的空间中需寻找有秩序、统一的质感。

在作品逐渐完善的过程中，要始终把握作品的三个从属关系，即主要关系、次要关系和从属关系，主要关系就是画面的空间关系，其次是依附于结构之上的明暗光影关系，最后才是建立在结构和光影之上的材料和肌理变化关系。拼贴作为表现形式多彩夺目，基于优秀的设计形态和光影变化，在每一种表现下，不同材质的碰撞与融合；不同形状的连接与分割；不同空间的对比与同一，乃至光影的流动和静止都是此次课题的趣味所在。

事实上，拼贴的手法多元化，不仅仅在创作的颜色、形状、肌理和质感上有变化，其中游戏的性格和反讽的趣味，非现实的重组和叙述手法，都是现代乃至当代艺术发展的特质（图4～图8）。

拼贴、素描、空间三者也不过是我基于设计课程的另外一种重组的探索。从外延，三者还具有无限探索的可能，从内延却是我们渴望在这个碎裂的信息时代寻找真相和自我的需求。草·美

赵　涛　杜粉霞　内蒙古工业大学建筑学院

参考文献

[1] 盖尔·格瑞特·汉娜.设计元素 [M].上海：上海人民出版社，2013.
[2] 顾大庆、柏庭卫.空间、建构与设计 [M].北京：中国建筑工业出版社，2011.

绘画与观看
——以中国美术学院景观—环艺专业美术基础课程为例

文 / 袁柳军　徐大璐

中国美术学院建筑学院成立于2007年，下设四个专业，分别为建筑艺术系、城市设计系、环境艺术系和景观设计系，在当代中国本土建筑学研究的总体方向下，四个专业在各自领域不断探索适合自己的发展方向。

不同于工科建筑院校的生源条件，美术院校的学生在入校之前已经具备一定的美术基础。所以，在美术学院建筑学相关教学体系中，美术训练不再只是一种基础技法的训练，如何让美术教育内化成为设计教学与思考的一部分，真正让美术学院体系下的建筑景观相关学科呈现自己的特色，这是我们在教学中不断探索的方向。

以景观、环艺设计专业为例，美术基础训练分为两个阶段：第一阶段为环境艺术系与景观设计系一年级的共同美术基础课，聚焦于"形式"的发现与表达，从环境一空间的内核入手，以观看、绘制为主要手段，为从基础绘画过渡到景观、环艺的专业学习做好准备。第二阶段安排在二年级教学中，学生分流到景观与环艺两个系展开各自的专业学习。其中景观专业在当代造园的研究方向下，专业绘画训练也作出了相应的调整，以山水画为训练手段，希望通过绘画帮助学生建立一种中国式的观看方法，为接下来当代造园的学习与设计创作打好基础。而环境艺术专业则将绘制的关注点移向空间整体，开放引入现代绘画、媒体艺术、传统图像志、当代图学等相关领域的新动向，在四年的本科教学中，绘画作为空间研究的一种基础性技术，将以不同课程形式贯穿于每一个学期。

本文以《形式素描》、《摹山水》两门课程为例，简单介绍一下这两年教学实验的初步成果。

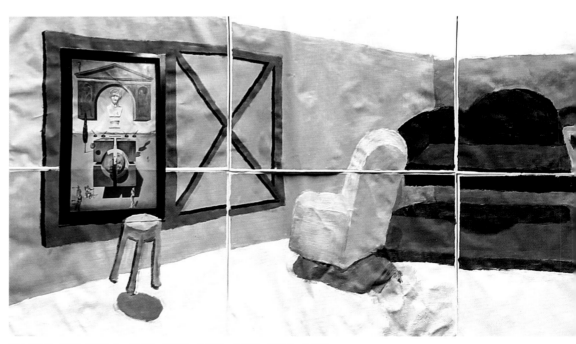

图 1 "形式—视框"单元作业，王沫涵　周静怡　陈柳萌　朱逸畅　廖敏惠　於倩倩

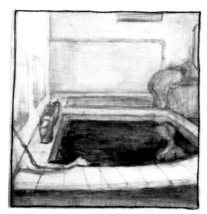

图 2 "形式—叙事"单元作业,王沫涵 1　　　　图 3 "形式—叙事"单元作业,王沫涵 2　　　　图 4 "形式—纪念性"单元作业,杨伟勇

一、《形式素描》

《形式素描》属于建筑艺术学院"环艺—景观"版块教学体系改革中基础课程中的一门。在学科内核趋于含混与空心的现状之下,教改之突围恰恰开始于对"环境艺术"、"景观"这两个基本语义的慎思。在这里,"环境"不再等待某种似是而非的美化,而指向了被关照之物的真实境遇;"景观"的涵盖范围将更为广泛,涉及空间情景的观照方法;最后,"艺术"也绝非是一种装饰化的标签,在令人眼花缭乱的当下,乃是唯一可信的抵达之道。

在课表中,《形式素描》英文名称译作 "Drawing to Find Out",这意味着以绘制

作为发现之道,而发现与创造之间也许比想象的更为临近。

课程旨在以"看"作为方法,以"绘制"作为媒介,理解形式的内涵与外延、本体与意义、限制与可能性、推演与发生。"形式"作为建筑学的基本问题,同样寓于诸物。对物相"形式"从眼到手的完整重构将完成一道桥梁,实现从绘画训练到环艺专业、景观专业的跨越。

课程的途径和目标从以下三方面同步展开:

1. 理解形式作为物与空间的开启者。理解环境—空间的关照对象可以拓展至艺术所涉及的诸多领域,而形式问题则是环境—空间艺术确然的内核。

2. 熟悉以素描、速写作为对形式的认识手段、推演手段和表达手段;训练观测与表达的多样性。

3. 阅读一流作品,以体验形式的诗性;以多种图式不断绘制,以求心手合一、切己体察。(图 1)

在此目标下,将持续一个学年的绘画课程,拆分为七个课程单元。

第一单元,形式—现象。理解图式与现象的关系:观测与绘制是主观体认与客观物象的同一。绘制所意识到的对象特征,画其所见。

第二单元,形式—结构。关注表象背后相对恒定的形式结构,训练不同图式下的提取方法,理解形式的确定性与松动性。

图 5

第三单元，形式—视框。将画面视作视框，训练有意味地框选、构图，实验除透视之外的画面组织原则（如并置法）。

第四单元，形式—语境。在现成图像上进行再创作，使新旧图像匹配并具有新的内涵。

第五单元，形式—纪念性。试以绘画表达纪念性主题，训练以极简法则传达空间、物体的象征性与多义性。

第六单元，形式—叙事。以组画的方式，训练用图像表达时间与事件。

第七单元，形式—拼贴。有创作意味的单元。综合运用以上方法，绘制组画，表达空间氛围或传达事件意义。（图2~图5）

二、摹山水

"摹山水"是景观设计专业二年级的专业基础课，顺应当代造园的研究方向，课程以山水画为摹本，因为山水画作为一种理论与实践非常完备的中国绘画类型，其独特的空间观念与观看方式深刻影响了中国传统园林的空间形态与审美趣味，大量传世的山水杰作不仅为当代造园设计表现提供了一种意向明确的表现手段，同时在空间观念与观看方法上，为我们理解中国传统园林提供了一种有迹可循的真实样本。

"摹山水"课程的设置正是以园林与绘画之关系为切入点，从传统山水画临摹与研究入手，用木炭、水彩等学生熟悉的绘画工具，试图建立一套以中国传

图 6

图 7

图 8

统山水画意境为主导的景观效果图表现方法，同时，通过临画来读画，以画观法，用绘画的方式重读经典，在训练技巧的同时，帮助学生建立起一种中国式的观察方法。所以，对学生而言，山水画的临摹与创作完全不同于国画系的训练要求，绘画只是作为一种训练的途径，目标最终指向园林。

本课程共四周，分为临摹与创作两个部分，临摹部分以宋代山水画为主要摹本。在精读临摹范本后，首先是"小图临大画"，在A2画纸上快速临摹作品的结构与意境，从而对作品气韵有一个整体把握。接下来，要求学生从局部入手，在全开画纸上，放大临摹作品或者其局部，教学中强调学生如同书法书写般一步到位地完成临摹，并且过程中始终要带着切身感受去画。对学生来说，他们不是在描摹一张国画山水，而是用炭笔去建构一个可居可游的真实园林。

图9

图10

以临摹《茂林远岫图》为例，这是一张具有较高难度的摹本，因为画中的物像多且细碎，学生上手时画面如同一盘散沙。教学过程中老师一直强调的是不要把画当成一张图片去临，而要身临其境地去感受景与景之间的关系，想象自己在画中，绕过溪流，翻过小桥，近处山石环绕，远处山体连绵，带着这种入画的切身感受逐步完成摹写。作品从学生上手时的一盘散沙，到最后完成时的气韵连贯且细节毕现，依赖的不仅是技法的提升，更是观看方式的转变，而这种效果用西画整体入手的临摹方法是无法达到的。（图6）

为了强化临摹过程中的这种入画体验，最后，要求学生用讲故事的方式，文字描述自己在所临摹山水画中的游历经验。

在创作部分，以所临摹的山水画为原型，通过纸上造园的方式，把临摹过程中的游观与想象转换成当代的景观空间，这种转换不是从造型出发的图形转译，而是强调对山水画里物象之间自然化的相互关系的理解和转换。（图7~图10）

三、结语

在我们的美术基础训练课程中，无论是一年级的《形式素描》课程，还是二年级的《摹山水》课程，两者的侧重点都是在"看"与"绘"，一年级侧重在"形式"训练，是对建筑设计学科核心问题的回应，二年级则强调"观看方式"的培养，为各自的专业方向做准备。

如何让美术基础训练从单一的技法训练

图9 《早春图》临摹，俞梦萍
图10 《早春图》创作，葛友谦

中解放出来，同时作为一种观看与理解空间的手段与方法来展开教学，为学生景观与环艺的设计实践拓展思路，这是我们在教学中一直实验与探索的方向，也希望这种实验能给国内相关学科基础教学提供一种新思路。菁·美

袁柳军 徐大璐 中国美术学院建筑艺术学院

匠心谈艺
On Art

of
Architecture

比较视域下佛罗伦萨公共艺术的价值启示

文 / 孙奎利　梁冰

提　要： 随着中国公共艺术实践的持续发展，公共艺术已融入当下城市生活各个方面，且成为专业领域的重要议题。公共艺术作为大众共享的艺术，以其特有的方式建构人与城市、艺术与文化之间的关系，它在塑造城市形象、构筑城市精神、积淀城市文明等方面发挥着重要作用。本论文根据作者2016年佛罗伦萨大学访学经历，通过对佛罗伦萨城市的实地考察和近距离生活体验，从文化纽带、表现形式两方面，追溯佛罗伦萨公共艺术的艺术特性，探讨公共艺术在现代城市产生发展与精神构建过程中的作用，期望对中国公共艺术的发展发挥借鉴意义。

关键词： 公共艺术　佛罗伦萨　文化纽带　表现形式　艺术价值

一、引言

纵观世界公共艺术发展历程，意大利文艺复兴时期是欧洲公共艺术发展成熟重要阶段，这一时期的雕塑艺术至今都是作为公共艺术的经典而存在。佛罗伦萨一个仅有约45万人口的小城市，却用拥有着43座博物馆和美术馆、65座宫殿及数十座大小教堂。身为欧洲知名的历史文化名城和艺术殿堂，留给世人数不胜数的历史古迹和文化记忆。[1]

21世纪的中国处于一个信息交通与技术文化空前发展时代，当今城市发展已进入都市美学培育阶段，公共艺术对城市文化提升有着极其重要的作用。中国城市的公共形象和文化品格，已成为公众探讨焦点。公共艺术作为一种公众共享和服务的艺术形式，直观地诠释了城市公共空间的共享意识、文化价值和美学语境，对城市文化塑造和文明积淀具有积极意义。"艺术引领城市创新"已成为当今中国新型城镇化和生态文明建设的重要发展思路和文化导向。

二、文化纽带——公共艺术对城市文脉的价值延续和衔接

追溯欧洲公共艺术发展历程，广义上讲它与城市文学史、艺术史一样，有着相同经历。对"公共艺术"一词的当代语境而言，直至进入19世纪也就是近现代工业化文明发展阶段，它才成为一种"回忆的或纪念的文化"语汇。20世纪70年代，随着欧洲城市战略和文化政策的发展与变革，现代城市"公共艺术"概念才最终形成。[2]

就佛罗伦萨公共艺术而言，"宗教信仰"作为佛罗伦萨公共艺术的主题或载体，其"纽带相关性"将城乡文化有机联系起来。从城市层面看，以佛罗伦萨为代表的教堂建筑布局形制，在当今城市语境下可称之为"教堂的公共艺术"。通过比较东西方宗教建筑布局形制可以看出，欧洲教堂建筑通常耸立于人流密集的城市和乡村的地理或视觉的中心，而中国寺庙建筑往往隐居于风景秀美的山川。究其原因即东西方的文化差异性，西方强调"对立统一"，教堂喻示着天国与人间两个世界的对立，而东方则强调"天人合一"，寓意"深山藏古寺"的天人合一宇宙观。从乡村层面讲，在佛罗伦萨诸多小镇乡村的街角入口，可以看到各式各样的宗教纪念碑。石碑或盒龛的主题多以纪念耶稣、圣母、圣子和圣灵，以期达到纪念或是祈福目的（图1、图2）。此情此景中国古已有之，古时候中国有着很多的禁忌和崇拜仪式，"泰山石敢当"即是其中之一。中国的老百姓往往把刻有"泰山石敢当"的石碑立于桥道要冲或砌于房屋墙壁之上，祈福全家平安（图3、图4）。

随着中国城镇化的快速发展，产生了一系列的社会问题，比如农村空心化、乡土文化精神缺失等。在某一城市空间放置一尊雕塑已远远不是现代公共艺术的文化诉求，公共艺术作为一门艺术语言可以尝试性地解决诸多城市问题，从而实现乡土文化精神的重塑。譬如祠堂文化，祠堂是中国自古以来祭祀祖先和先贤的重要文化场所，象征着中华民族宗族文化的传承。祠堂文化具有教化、规范及维系社会的功能，从公共艺术文化建设视角，在农村生态文明建设中探索祠堂文化艺术具有重要的价值和意义。公共艺术作为一个不断成长的文化表现形式，它模糊了城市学科界线，跨越了多重文化媒介，它价值几何？它将对中国城市产生怎样的冲击？值得我们研究和思考。

三、表现形式——多样化的公共艺术表现形式和艺术样式

公共艺术的内涵和外延极为丰富，但对于公共艺术内涵和形式的界定，在学术界有着不同观点。广义上公共艺术通常是指通过创作媒介，置放或附加于公共空间的艺术作品。[3]譬如位于城市公共空间的建筑雕塑、涂鸦绘画、装置艺术等。还有一种更广泛的理解，认为只要是处于公共空间并与公众产生互动关系的"艺术样式"都可称之为公共艺术，类似于歌舞表演、行为艺术等。对于佛罗伦萨而言，它在公共艺术领域又涵盖那些表现形式和艺术样式呢？

（一）历史建筑与城市的艺术表现形式

千年的历史积淀了佛罗伦萨深厚的文化底蕴，佛罗伦萨的历史建筑早已突破居住或办公功能需求，它的大街小巷、一砖一瓦，都向世人诉说着它辉煌的历史。作为世界五大教堂之一的圣母百花大教堂，1982年其作为佛罗伦萨历史中心的一部分被列入世界文化遗产，迄今已有七百多年历史，被公认为文艺复兴运动建筑的开端。时至今日，它已然上升到"建筑艺术"的高度，其作为建筑艺术的表现形式已成为佛罗伦萨的精神堡垒（图5）。作为艺术城市的代表圣吉米尼亚诺（图6），它是地处意大利中北部托斯卡纳大区锡耶纳省的一座中世纪建筑群，从城外数公里就清晰可见塔楼此起彼伏，律动的天际线就像一首优美的圣经诗，辅以远处的托斯卡纳风貌，沁人心脾。

随着中国城市建设水平的不断提高，建筑设计不再局限于规划功能需求。建筑既是一门技术，也是一门艺术，未来城市形态将会日趋艺术化。但是我们亦应当注意到"艺术"不等于"怪异"，不要把奇怪的建筑当作建筑设计的艺术性体现。城市建筑应注重其文化传承、审美情感和精神诉求，更多地展现城市建筑的公共艺术特质。"艺术城市"这一概念将是公共艺术引领中国城市创新的最好诠释。

（二）传统雕塑、行业工会及家族徽章等艺术表现形式

雕塑作为城市公共艺术重要组成部分，古罗马时期的城市即出现了象征宗教权利和政治权力的雕塑艺术作品。对佛罗伦萨城市雕塑而言，其作为公共艺术形式存在，文艺复兴时期尤为兴盛。尽管此时创作主题或创意来源仍然以圣经和古希腊神话传说为主，但是艺术家们开始通过新的表现手法和雕刻技巧，力求突破摆脱宗教束缚，创作出大量反映自然和社会的公共艺术作品。例如，文艺复兴时期的艺术大师乔波隆纳创作雕塑作品《掠夺萨宾妇女》（1579—1583），就是取材于罗马士兵掠夺邻邦萨宾妇女为妻的战争故事，雕塑中三个人物扭抱成团，形成一个艺术整体，同时三个人物的形体动作极具张力，纠结一起呈螺旋上升状，极富视觉冲击力（图7）。达·芬奇、米开朗琪罗、拉斐尔作为文艺复兴三杰，他们在佛罗伦萨雕塑及绘画艺术史上留下了浓墨重彩的一笔。就此三人的雕塑作品而言，米开朗琪罗的雕塑作品最为世人所熟知。他创作了一系列体格雄伟、坚强勇猛、充斥着力与美的视觉享受的英雄形象，其中被认为是西方美术史上最伟大的男性人体雕像《大卫》（1501—1504），

图 1 Redini via fontemezzina 道路交叉口处纪念盒龛
图 2 Redini via fontemezzina 道路一侧纪念盒龛
图 3 济南趵突泉泰山石敢当（图片来源：https://lvyou.baidu.com）
图 4 北京皇城泰山石敢当（图片来源：http://www.360doc.com）
图 5 圣母百花大教堂穹顶
图 6 圣吉米尼亚诺城市远景

图7 《掠夺萨宾妇女》
图8 《大卫》
图9 美第奇家族徽章（图片来源：扣子博客）
图10 家族联姻徽章
图11 佛罗伦萨街头巷尾的艺术涂鸦装置
图12 菲耶索莱街巷的艺术涂鸦（图片来源：作者拍摄）
图13 佛罗伦萨街头巷尾的行人指示标识（图片来源：作者拍摄）

就是雕塑公共艺术的典型代表（图8）。

从公共艺术角度，佛罗伦萨行会会徽和家族徽章是雕塑作为公共艺术的重要补充。中世纪时期，行业工会作为欧洲城市重要的经济组织，曾主宰各大城市社会经济生活达数百年之久。在中世纪城市行会发展史上，佛罗伦萨的行会体系最为完善，而且也是最具特色。佛罗伦萨于1182年成立了第一家商人行业工会（亦称同业工会），在其发展鼎盛时期，佛罗伦萨有大小行会21家。为了增加行会自身的辨识度，各工会行业都有自己的会徽，就像是今天我们所说的企业标志。13~17世纪时期，美第奇家族作为名门望族，在佛罗伦萨地区城市建设中发挥了极其重要的作用。美第奇家族徽章来源有两个传说版本，一是美第奇家族的祖先是药剂师，医生在意大利语里是"medico"，在与意大利语同源的法语中是"medicin"，族徽上的蓝色圆球就是"药丸"的意思。另一种说法是美第奇家族最初做银行及贸易生意，族徽上面的原点既寓意"钱币"，目的是在商品货币兑换时挂在门外起到彰显家族实力的标识（图9）。在文艺复兴时期，各大家族除却家族徽章外，为扩大自身的政治、经济或社会影响力，还通过家族联姻的方式实现强强联合，由此产生了家族联姻徽章（图10）。

佛罗伦萨城市现存的这些行会会徽和家族徽章在历史发展和洗礼的过程中有幸留存，而这些徽章亦成为当今佛罗伦萨城市历史公共建筑或城市记忆的重要组成部分，并作为城市公共艺术的重要表现形式为世人所关注和认知。

（三）涂鸦艺术、趣味标识的艺术表现形式

近年来，涂鸦逐步成为公共艺术的重要表现形式。涂鸦作为存在于城市街头巷尾的绘画艺术形式，其自身特殊的构成美感和色彩搭配，形成一种特有的公共艺术语言模式，吸引公众和游客的关注。佛罗伦萨作为艺术之都，艺术细胞俨然融入人们的血液当中。就像图11所示涂鸦作品，某位不知名讳的作者将破损的眼镜框架置于涂鸦绘画作品之上，或许巧合、亦或有意而为，他将绘画与装置设计相结合进行了二次创造，所产生的艺术效果甚是引人注目。图12描绘的是佛罗伦萨近郊菲耶索莱街巷的一处燃气管道

图 14～图 15 行为艺术表演者
图 16 玻璃橱窗动态展示

16

涂鸦艺术，该作品描绘视角正是站立位置正前方的小镇风景。艺术家利用巧妙的创意将一些死板的交通信号换上新的样貌，变成另类的街头艺术。就像图13所展示的禁行标识，把意大利足球的元素融入其中，通过守门员扑点球寓意"禁止通行"，趣味十足并起到很好的警示作用。从城市交通标识管理的角度，当地政府也没有把这些创意涂鸦看作是违法的或蓄意恶搞，而是把这个趣味标识当作是幽默的公共艺术，鼓励人们去创作表现。

时至今日，人们对涂鸦艺术的态度更加包容，它作为公共艺术的一种表现形式被越来越多的人接受。基于中西方文化差异，受创作绘画水平、创作出发点或城市管理需求等诸多因素的影响，中国的涂鸦艺术似乎还在夹缝中挣扎，诸多城市涂鸦被当作"牛皮癣"清除掉。城市涂鸦到底是"玩艺术"还是"搞破坏"呢？我们需要辩证对待。涂鸦艺术不是乱写乱画，而是通过公共艺术的创作表现为城市带来的另一种美，是充满城市艺术活力的再创造。

（四）行为艺术、数字媒介的艺术表现形式

行为艺术兴起于西方，是西方当代社会的一个奇特现象。它是一种艺术用思维和行为过程进行创作的艺术表现形式，本质上可以定义为一种自由的生命活动。行走在佛罗伦萨街头，有诸多行为艺术装扮的行乞者。与其说这些人是行为艺术装扮的乞讨者，我更想称他们为行为艺术表演者（图

14、15）。从个人的角度讲，他亦非巧取豪夺而是通过自身的表演付出劳动并获得游客金钱上的奖励，有些表演者的目的也不完全是为了糊口谋生，而是为了个人艺术爱好。这种行为艺术作为公共艺术的一种表现形式，丰富了佛罗伦萨公共艺术的内涵。

新媒体作为交互设计的一种艺术媒介，不仅影响着人们的视觉和听觉感受，亦影响人们的生活观念、生活方式。随着数字技术的发展，佛罗伦萨的公共艺术呈现多元化发展，并且在这一过程中呈现个性化特征。在Valentino时装品牌店中（图16），橱窗的设计就非常具有创意，原本静态的橱窗人台，以巨大的书籍为背景的展示时候，给观者的感觉却犹如从杂志中走出一样，夜晚橱窗的动态灯光，辅以鲜明的色彩和灵动的人物，使静态的橱窗呈现以动感时尚的艺术特征。如何探究新媒体技术对城市公共艺术的介入与重塑？对于那些布置在城市公共区域，能够增加城市亮点，亦可以增进城市与市民互动的新数字媒介，值得我们在城市公共艺术中去借鉴应用。通过新媒体艺术的介入，形成公共空间与公共艺术的互动接口，达到艺术表现、沟通和互动的目的。

四、结语

此次对佛罗伦萨城市公共艺术的研究，主要是基于访学过程中的生活体验和感悟，公共艺术在塑造佛罗伦萨的城市形象和文化特色方面发挥了重要的作用。佛罗伦萨作为一个文化价值品牌凸显的世界艺术殿堂，其不同时期、不同类型、不同特色的公共艺术表现形式值得我们深入研究，期望研究成果可以更好契合中国当代公共艺术发展实际，成为中国"艺术城市"建设的催化剂。　筑·美

孙奎利　天津美术学院讲师
梁　冰　曲阜师范大学美术学院

参考文献
[1] 刘少才. 佛罗伦萨:无处不在的历史文化和建筑艺术[J]. 城市开发，2014，8.
[2] 李鹤. 公共艺术中"公共性概念"界定——中国公共艺术话语研究[J]. 装饰，2017（02）.
[3] 李建盛. 公共艺术与城市的文化空间建构[J]. 华南师范大学学报（社会科学版），2017（01）.

时代境遇与艺术选择

文 / 李琪

摘　要： 任何艺术作品的出现都有其自身的根源。首先是艺术家创造艺术作品时不能脱离他所处的境遇；艺术作品也必然要折射出艺术家在不同境遇下的选择。

关键词： 境遇　选择　写实绘画

不同艺术作品的产生折射出艺术家在不同境遇下的选择。

艺术家的境遇，包括社会和自然两方面。因此，二者必然对其作品的产生起着决定性的影响。艺术家作为有独特视角的个体，在社会和自然的影响下，只能从自己独特的感受出发，进行选择和创作。

徐悲鸿和陈丹青是中国现代美术史上两位具显著影响的艺术家，虽然两位的境遇不同，但都是中国油画发展中起过转折作用的艺术家。徐悲鸿先生第一次系统引进西方教学体系，使西方写实体系大规模在中国兴起而陈丹青先生则改变了新中国成立以后中国油画长期大一统的苏俄模式，使中国的写实油画开始把目光投向除苏俄以外的其他国家，尤其投向西欧，对中国写实油画中的现实主义概念起到了拓展作用。

本文即引他们为例，以便说明时代境遇与艺术家选择之间的关系。

一、徐悲鸿先生的境遇与选择

（一）赴欧留学与选择学习写实主义绘画

20世纪上半叶是徐悲鸿先生艺术生涯的主要时期。这一时期恰是中国历史上的大变革时期，社会动荡不安、战火连绵。社会意识形态、文化价值观念等在这样的大背景下发生了急剧的变化。中西方文化的交融和冲突，尤其"五四"新文化运动对中国传统道德观的激烈批判，成为这一时期美术发展的推动力。

中国画到明清以后，已失去唐宋时期强大的活力。特别是到清末民初，已基本处于僵死的局面，门派林立、各持己见、专以临摹为能事[1]。作为中国画家，可以不顾真山真水，但若不能从古人处学得一笔两划则为浅陋。为改变这种局面，从民初到"五四"，陈独秀、蔡元培等都曾主张借鉴西画写实的长处，以便推动我国绘画的发展。

1917年，徐认识了当时的社会名流康有为等人。康有为认为："彼（西方写实绘画）则求真，我（中国画）求不真，与此相反，而我遂退化。（此处'真'指的是写实）[2]。"康有为的绘画观念给徐悲鸿先生莫大的影响。在康有为的影响和劝说下，徐先生满怀学习西画改良中国画的激情，并在见到日本画家在引进西画之后，已"脱去拘泥古人积习，而能仔细观审和描绘大自然，达到美妙、精深、丰富的境界"[3]的情况下，决定远赴欧洲留学，以期达到改变中国绘画衰败落后的局面，振兴文化，振兴国家的目的。

到达欧洲以后，徐悲鸿参观了大英博物馆、希腊神庙浮雕、英国国家画廊、英国皇家画会展览会；在巴黎，观看各类美术作品展、美术馆、博物馆等；在意大利，徐悲鸿纵情浏览了文艺复兴时期大师们的杰作；在德国，门采尔、脱鲁莫斯柯依的作品也使他受益匪浅。特别是对康普夫的访问，使徐悲鸿对当代画坛的不良倾向进行了深入的思考[4]。

此时的欧洲早已经历了古典主义、新古典主义、浪漫主义、现实主义、印象主义和后印象主义时期。传统的写实绘画在法国已经失去了独霸天下的局面，现代主义各流派竞相登台。面对欧洲绘画的传统和现状以及当时中国画坛的局面，徐先生认为欧洲艺术的传统是以写实为主，中国绘画的主流也是写实为主，如中国画论"因物象形，随类赋彩"，"师法造化，师法自然"等。但当时中国画坛形式主义泛滥，早已不事写实，而以摹古为唯一之能事，从而导致了中国绘画的衰败。

据此，徐悲鸿以为写实主义可以解决中国绘画所面临的问题。继而以为"采取世界共同法则，以人为主题，并以人的活动为艺术中心，舍弃中国文人画独尊山水的思想"[5]。在这个思想指导下，留学期间他没有受到欧洲画坛各种形式主义的干扰，而是投入新古典主义传人弗拉芒和达昂门下，刻苦钻研写实主义绘画。

（二）改革中国画

在中国画的改革问题上，许多关心民族艺术的有识之士奔走呼号，提出一系列美术主张：如康有为的"变法论"、陈独秀的"革命论"以打倒绘画正宗、高剑父、高奇峰兄弟的"结合论"等。徐悲鸿独持"改良论"，此具体观点是"古法之佳者守之，绝者续之，不佳者改之，未足者增之，西方画可采入者容之"[6]。

徐悲鸿以其留学的眼界和长期深入的思考，认为中国美术之所以衰落是因为过于拘泥旧形式："格列柯、杜米埃等人的变形夸张是有根据的。不违背造型和色彩的基本规律，即使塞尚、毕加索、马奈等人，他们的写实能力也都是很强的，是真正懂得色彩和造型的实质因素的、对造型有深入体察的结果"，"而中国美术界则是大多数人手上并无扎实的造型基础，但却总是想入非非"[7]。因此，徐悲鸿反对形式主义、主张在中国建立健全的写实学派；强调"素描乃一切造型艺术基础"。从而提出"新国画"的概念，认为素描也是中国画的基础。反对草草了事，必须有十分严格之训练，"积千纸，方可心手相应"[8]。通过写生克服摹古倾向，通过深入社会生活，拓宽中国画的表现题材，通过融会中西传统，创造新的笔墨语言。既而提出"惟妙惟肖"的主张；既反对因袭成规的保守派，也防止全盘西化的崇洋派[9]。倡导写实主义，并同一切非写实主义作斗争。徐悲鸿指出写实主义无疑要尊重自然，"古人提倡自然就我，徐悲鸿提出我就自然"[10]。这些观点对当时中国画坛形式主义泛滥的局面起到了"力拯时弊，矫枉匡正"[11]的作用，并在中国画坛上产生了最实际、最广泛的影响。

（三）徐悲鸿提倡的写实主义成为那个时代的中国艺术主流

"在先已受欧写实主义刺激者，迫'9·18'直至于倭寇作战，此写实主义绘画作风，益为吾人之普遍要求，惜乎当时未能广予培养"[12]。由此可见，他的艺术观中反映出艺术的社会公用，艺术的宣传教育作用和写实主义主张得以推广的原因。抗战爆发以后，民族危机又激发了中国人民的民族自尊意识。人们开始重新认识民族文化，对西方文化的引入有所冷却。新文化运动受到了极大的挫折。蔡元培的"兼容并包"的学术思想也受到冷落。一切统一到抗日救国大前提下，求同存异，团结抗敌。写实手法适宜宣传抗战救亡运动的需要，具有大众喜闻乐见的形式，因而受到较多重视。广大的人民群众还是喜欢现实主义的东西，对不能理解的东西不可能感到愉快。喜欢在写实基础上变化神奇的高明艺术。

徐悲鸿以作品《田横五百士》（图1）和《傒我后》（图2）参加了当时的中央美术绘画展。该两幅作品以写实手法，从侧面反映了在帝国主义侵略下人民的痛苦和不屈的斗争精神，具有很强的现实主义意义，被

评为"中国美术复兴的第一声"。中国画《愚公移山》则表达了中国抗战一定会取得胜利的坚定信心。这些因素都使得徐先生提倡的写实主义成为那个时代的主流，并对以后中国的主流艺术，特别是对社会主义现实主义艺术产生了深远而广泛的影响。

此外，由于徐悲鸿的不懈奋斗，使他在美术界和美术教育界具有重要的地位，其影响十分巨大。尤其是全国各大美术院校及各美术科，奉行的都是徐悲鸿的教育体系，培养了一大批具有写实风貌的油画家和整整一代新的国画家。

（四）徐悲鸿油画风格回国以后的变化

留法时，徐先生全面地学习了欧洲各家各派的油画传统，在当时大的语境下，其油画承传比较地道的欧洲绘画传统。作品《持扇女》（图3）用笔坚稳果断，在观察分析的基础上正确表现出色彩的固有色、环境色，在画面上形成冷暖对比，色彩十分丰富。背景看

图1 《田横五百士》 徐悲鸿
图2 《傒我后》 徐悲鸿

图3 《持扇女》 徐悲鸿
图4 《黄震之像》 徐悲鸿

似平面，但不是平涂，而是用丰富的颜色一笔接一笔地摆上去，且上下左右颜色绝不雷同，说明他已具有详细观察分析物象以及准确表现的能力[13]。他的《黄震之像》（图4）说明已突破半调子这一油画技法上的难关，无论其背景、面部、衣着还是面部表情本身的色彩过渡都极自然和谐[14]。

回国后，更多的中国画创作使中国画中的某些因素融入了其油画中，如中国画注重线条，他的油画中便有意无意强调线条的表现力；中国画设色基本为固有色，他的油画w中便也常把较深的绿紫黄等色塞入画面，色调虽不如在欧洲时和谐、统一，但吸收了中国画"重神遇而不以目视"的影响。使其作品具有了中国油画的民族化倾向，为中国油画的民族化奠定了基础。

总之，从徐先生一生的思想、言论看，其艺术选择主要是顺应国内境遇的结果，非个人喜好决定的。

二、陈丹青先生的境遇与选择

（一）选择苏派画法

1949年新中国成立后，由于中国与西方国家意识形态的差异，对西方国家采取了抵制和批评的态度。在这个形势下，我国从外国引进的主要是苏俄的现实主义美术。苏俄的现实主义美术重视写实方法，强调普及教育，以及对统一意识形态的遵循。这与我国当时的国家意识形态与需要相一致，因此，苏俄模式的社会主义现实主义美术被视为新中国美术的楷模，对20世纪50～70年代中国美术产生了巨大影响。

苏联油画的画风一般都具有清新、明快的艺术形式，技术上比较严正，色彩训练要求画面用笔需同时

兼顾物体的形色质三要素。既不同于古典油画忽略色彩的倾向，也不同于印象派色彩优先的倾向。要求逼真再现对象，注重"条件色"的相互关系，强调丰富的灰调子（图6）。

20世纪50年代初期，一方面，中苏两国文化交流使我国油画艺术特别是在色彩上得到了不少的启发和提高，气度、力度均见大增。另一方面，徐悲鸿先生所创立的写实主义、董希文先生的民族化油画（即主张吸收中国传统美术和民间美术营养）以及来自于延安传统的革命现实主义绘画都属于社会主义现实主义美术。因而，使得西方现代主义总体而言并不适合我国当时的国情。尽管有不少在油画上探索新意的作品，几乎都受到不同程度的压制和批判。

"百花齐放，百家争鸣"和《文艺八条》的方针在美术界也没有条件执行贯彻。而且"文革"时期，徐悲鸿纪念馆被破坏，也使得徐悲鸿先生倡导的写实主义学派被大幅削弱。在"艺术为工农兵服务"的方针指导下，画家经常深入到工农兵基层体验生活，改造思想，使美术和政治几乎融为一体，成为宣传和图解政治思想的工具。

以上即陈先生习画之初的大背景，陈先生虽然临摹过意大利风格油画，但是当时所有作品都属政论主旋律，塑造典型环境中的典型性格，"不是简单地描写客观现实而是要从革命发展中描写现实"。整个画坛统一于苏俄模式之中。

陈先生所处的环境，以及接触到的油画题材和风格、创作构思当然影响到他的学习和创作。所以他说："苏俄风格适合于表现悲剧性的情节，"又说："文革飙起，权威靠边，舞台空出，新人登场"[15]，这给陈先生在此时进行大的主题性创作提供了机会。

"羊膻气头骨强健"的藏民又使作者认为非常适合苏式的方笔触、大色块的描写方法[16]。这一切都导致了陈丹青先生早期作品《泪水洒满丰收田》(图5)的苏联风格。

(二)转向法国写实主义风格

1979年华东六省一市组织了30周年美术展览观摩会,对关于"全国报道宣传和文艺作品要多歌颂工农兵群众,多歌颂党和老一辈革命家,少宣传个人"的提议,美术家表示由衷的赞同,并呼吁美术作品要表现生活情趣,表现个性和形式,描绘历史真实[17]。标志着美术将冲破政治性,缺乏人情的严肃单一的大美术模式。

1978年陈先生就在上海看到了《法国十九世纪农村风景展》。按照陈先生在《纽约琐记》中说的"我移情别恋,在法国人库尔贝和柯罗的小画幅里中了邪了[18]"。库尔贝的"现实主义"宣言是"去他的神话和历史画!我从不画我没见过的事物。"(图7)

大气候转变和法国画展促成了陈先生的反思:"那么该怎样向'现实主义'大师爷的库尔贝同志汇报并解释后来的'社会主义现实主义'"[19]?他认为"是文革的历史事件促使我画了《进军西藏》和《给毛主席的信》。关心受难的人,站到弱者一边,原是左翼文化鼓吹的美学,意思是没错的,错是错在日后的教条弄得面目全非,真义尽失"[20]。"以至我们皆因教条的遗患而一并疏忽了艺术这一面可贵的性情。今天许多人物画不见其'人'而触目皆是想入非非的风格。至'文革'形成以'红,光,亮'为代表的革命现实主义模式。这种模式由于自身的因素,使其在艺术尤其是技巧上,始终未能达到西方文艺复兴以来的写实主义水平。"[21]此外,还激活了

陈先生的作品记忆,他见过"流落到社会上的民国黑白图片画册"中柯罗、米勒的画集、图片。"米勒在中国、在苏联代表了一种创作的道德,一种'普罗大众'的意识形态,被左翼史论认为是绘画中道德的化身。是一位远在资本主义世界的'社会主义大'画家[22]。以米勒的语言作画,在中国应当是许可的。"另一点是作者曾作为下放知青,在农村生活多年,深知农民的困苦"我想起许多劳动妇女,人们喜欢把她们画得精力饱满,笑逐颜开。其实她们经常是疲倦的默不作声的"[23]这可以说是陈先生对当时中国农民的一种真实感受。他认为"艺术要像自然那样无可争议地真实,像生活本身那样耐人寻味"[24]。根据陈先生的理解,从事艺术工作必须有一颗诚挚、率真的心。只有这样才能透过生活的表面现象真正抓住生活的实质,这是现实主义的核心。艺术家的世界观和认识方法是通过真挚的感情而起到指导创作思想作用的。因此,陈先生创作中想要表现的是他在藏族牧区的真实感受,而没有顾及仍处于"文革"后时代的中国艺术创作的大背景。

在语言的选择上,陈先生并没有用已掌握得非常好的"苏俄"模式,而是选择了库尔贝、米勒和柯罗等的古典艺术语言。朴厚、深沉、蕴藉而凝练的艺术手法是陈先生最向往的境界[25],"很自然的选择了这些大师的语言"。陈先生说"要是那年来的是苏联画展,要是苏、法都不来怎么办?我会以同样的热情模仿我喜欢佩服的中国油画家。"[26]

但实际上法展来了,而且是法国19世纪农村画展,题材上、内容上和感情上与作者的创作非常吻合,于是作者就选择了他认为适合的法国古典主义油画语言模式创作了《西藏组画》(图8)。可见,时代境遇决定了陈先生两次画风的转变。

图5 《泪水洒满丰收田》 陈丹青
图6 《攻克冬宫》 谢洛夫 [俄]

图7 《筛麦女》库尔贝
图8 《西藏组画》陈丹青

三、总结

作为一个艺术家，他的灵感、才华必然与社会紧密联系在一起。即使是完全生活在书斋中，也不可避免地被周围的环境，也就是他所处的"境遇"所控制。从徐悲鸿、陈丹青先生的艺术选择来看，无不是与他们所处的"境遇"密切关联的。我们今天所处的时代不像前两位先生所处的环境。这就决定我们的选择与他们的不同。

境遇与选择的关系，如同自然与艺术品之间的关系。但要注意的是，在面对"境遇与选择"之时，许多人知道"笔墨当随时代"，可有人跟随时代，只意味着追随潮流。而其作品中的深刻性很大程度上受到忽略，流于简单概念，甚至图解。这就需要我们慎重的选择。 荟·美

李 琪　昆明理工大学建筑学院

参考文献

[1] 紫都，霍艳文. 徐悲鸿. 北京：中央编译出版社，2004，9：49.

[2] 紫都，霍艳文. 徐悲鸿. 北京：中央编译出版社，2004，9：9.

[3] 紫都，霍艳文. 徐悲鸿. 北京：中央编译出版社，2004，9：54.

[4] 紫都，霍艳文. 徐悲鸿. 北京：中央编译出版社，2004，9：25.

[5] 顾丞峰，黄丹麾，刘晓陶. 徐悲鸿与林风眠. 沈阳：辽宁美术出版社，2002：94.

[6] 陈传席. 中国名画家全集——徐悲鸿. 石家庄：河北教育出版社，2003，10：169-170.

[7] 紫都，霍艳文. 徐悲鸿. 北京：中央编译出版社，2004，9：54.

[8] 顾丞峰，黄丹麾，刘晓陶. 徐悲鸿与林风眠. 沈阳：辽宁美术出版社，2002，1：

[9] 徐悲鸿. 紫都，霍艳文. 北京：中央编译出版社，2004，9：51.

[10] 陈传席. 中国名画家全集——徐悲鸿. 石家庄：河北教育出版社，2003，10：143.

[11] 陈传席. 中国名画家全集——徐悲鸿. 石家庄：河北教育出版社，2003，10：144.

[12] 陈传席. 中国名画家全集——徐悲鸿. 石家庄：河北教育出版社2003，10：170.

[13] 紫都，霍艳文. 徐悲鸿. 北京：中央编译出版社，2004，9：95.

[14] 中国名画家全集——徐悲鸿. 陈传席. 石家庄：河北教育出版社，2003，10：87.

[15] 退步集. 陈丹青. 桂林：广西师范大学出版社，2005，1：73.

[16] 陈丹青. 我的七张画. 美术研究. 1981，1：49.

[17] 陈丹青. 纽约琐记. 长春：吉林美术出版

社，92、93.

[18] 中国当代美术史1985—1986. 高名潞. 上海：上海人民出版社，1991，689.

[19] 纽约琐记. 陈丹青. 长春：吉林美术出版社，2001，8：289.

[20] 纽约琐记. 陈丹青. 长春：吉林美术出版社，2001，8：259.

[21] 纽约琐记. 陈丹青. 长春：吉林美术出版社，2001，8：267.

[22] 纽约琐记. 陈丹青. 长春：吉林美术出版社，2001，8：103.

[23] 陈丹青. 我的七张画. 美术研究. 1981：49.

[24] 艾中信. 刘玉山，陈履生. 油画风采谈. 北京：人民美术出版社，1993：152.

[25] 艾中信. 刘玉山，陈履生. 油画风采谈. 北京：人民美术出版社，1993：151.

[26] 陈丹青. 纽约琐记. 长春：吉林美术出版社，2001，8：181.

社，2001，8：259.

北京故宫文渊阁碑亭彩画复原设计研究

文 / 赵军　王振宙

摘　要： 此次文渊阁碑亭的彩画纹样修复设计，通过前期详细的实物勘察、测绘，结合历史档案资料对建筑内外檐彩画纹饰图案、工艺做法、色彩进行了记录和旁证对比，对彩画残存状况进行了评估分析，制定出科学严谨的修复保护设计方案，复原出可供参考的彩画样式。

关键词： 北京故宫　文渊阁　彩画修复　遗产保护

一、明清建筑彩画研究

（一）明清彩画制作

明清时期"雕梁画栋"已经成为宫殿建筑中不可缺少的装饰手段。故宫建筑中的彩绘制作非常讲究，例如：建筑柱子上刷的漆是植物油混合的颜色，不用化学成分的油漆，这样就会有很好的附着力，不容易脱落。传统建筑彩画的一般制作程序，基本上分三个步骤：地仗制作、涂饰油漆、施绘彩画。其中地仗是在绘画和包镶工序中最初的一道工序，就是木上打底。地仗的原料主要是砖灰、猪血、白面、桐油等几种材料汇合在一起具有很好的粘合性，主要起到防潮、防蛀、延年的作用。

（二）明清彩画分类简述

明清时期彩画具有严格的等级制度，一

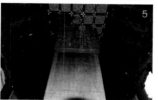

图 1 文渊阁碑亭
图 2 外檐彩画剥落严重
图 3 ~ 图 8

般的百姓家中不许施彩绘。在紫禁城内的各个宫殿建筑的彩画也严格按照等级的不同而有区别。大致可分为和玺彩画、旋子彩画和苏式彩画三类。北京故宫文渊阁碑亭各构件上的彩画采用的是旋子彩画的做法，旋子彩画是一种等级次于和玺彩画的彩画形式，常用于殿式彩画，既素雅又华丽。分若干等级，应用范围很广，是明清时期传统建筑中运用最为广泛的彩画类型。其大致类型有：浑金旋子彩画、金琢墨石碾玉旋子彩画、烟琢墨石碾玉旋子彩画、金线大点金旋子彩画、墨线大点金旋子彩画、小点金旋子彩画、雅五墨旋子彩画、雄黄玉旋子彩画（按等级排序）。

二、文渊阁碑亭彩画修复分析

（一）彩画破损现状

北京故宫文渊阁碑亭建于清乾隆年间。位于故宫东华门内文华殿后，清宫中最大的皇家藏书楼文渊阁东侧，盝顶黄琉璃瓦，造型独特。目前的文渊阁碑亭彩画外檐破损情况较内檐更为严重，许多彩画纹样已经很难再看清楚。由于建筑构件的位置不同，所受到的破损程度也不同。较隐蔽的构件彩画保留状况较好，暴露的构件损坏情况严重。其原因主要有：1.人为因素损坏：每天成千上万的观众参观所带来的损伤。2.自然因素损坏：受风化、蚁蚀、空气湿度等自然原因，部分木质构件出现质地疏松的情况，大面积的彩画剥落。彩画上的贴金纹饰，尤其是重绘的纹饰，出现了脱落与变色现象。3.技术人员与施工工人由于缺乏传统工艺等专业知识，补救施工难有成效。

（二）修复保护思路与手段

根据传统建筑修复设计的指导思想和文

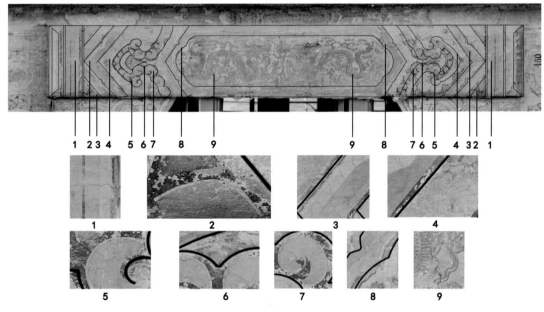

1 箍头线沥粉贴金并拉晕
2 皮条线沥粉贴金并拉晕
3 栀花绿底色上用黑线勾边，边线内侧描白线
4 旋花花瓣青绿相叠
5 旋花绿底色上用黑线勾边，边线内侧描白线
6 菱角地沥粉贴金
7 花瓣不作退晕
8 枋心线沥粉贴金并拉晕
9 枋心内作行龙，沥粉贴金

图 9 文渊阁碑亭外檐彩画（大额枋部位）

彩画纹样的分析考证：

彩画的具体纹样通过对林徽因先生的《中国建筑彩画图案》一书上所提供的参考纹样进行比较分析，可以找到较为类似的纹样图案，但是由于建筑上的构件大小、位置的不同，其纹饰也会随着构件的具体尺寸进行相应的调整。以下为例：

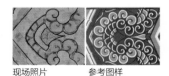

现场照片   参考图样

图 10 找头 勾丝咬

左图照片中找头勾丝咬的旋子纹饰与右图参考图案中的样式基本相同，然而照片中的旋瓣角度、大小因为额枋的宽度不同而有所变化。

现场照片   参考图样

图 11 枋心 金双行戏珠龙纹

纹饰随着额枋的长、宽、高尺寸进行了调整，右图参考图案中龙身部位的形状被拉伸了，尾部及相应的纹路也与左图照片中有所不同。

现场照片   参考图样

图 12 枋心 宋锦纹

左图照片锦纹图样是绘制于小额枋部位，而右图参考图案位于大额枋枋心部位，额枋宽度的不同使锦纹整体比例发生变化。

渊阁碑亭彩画现状，对于此次碑亭的彩画修复主要采用了查阅古典文献、历史案例与实物考证相结合的研究思路方法。

在彩画纹样复原设计过程中，我们发现由于部分的彩画损坏严重，很难辨认出原有纹饰、颜色、做法等，残缺部位的部分彩画很难找到其中的原型，对故宫建筑彩画文献资料分析成为修复设计过程中的重要手段。在文献分析研究的基础上，再查阅大量的历史案例，通过与传统建筑彩画纹样的分析比证，得以恢复彩画的大部分原貌。此次文渊阁碑亭的彩画复原设计也作为彩画修复的一次初探。

（三）具体修复设计过程

复原设计初期，根据现场测绘照片，通过运用上述分析方法，可以从清八种旋子彩画的做法中基本确定为金线大点金彩画的做法。

以外檐彩画为例：金线大点金旋子彩画的枋心内的纹饰基本上以龙纹和锦纹为主，两种纹饰匹配组合，专业术语称之为"龙锦方心"。盒子内的纹饰多采用龙纹和西番莲纹匹配组合。找头中的旋眼、菱角地、栀花心和方心的龙纹、锦纹及盒子内的龙纹、西番莲均采用沥粉贴金做法。梁枋大木的彩画主体框架大线，包括枋心线、箍头线、盒子线、皮条线、岔口线五大线沥粉贴金并拉晕，旋花和栀花只在青绿底色之上用黑色勾勒边线，然后沿边线内侧描一道白色粉线。花心与菱地点金，花瓣不作退晕。

三、修复成果展示

图13 外檐明间大额枋彩画彩色图示

图14 外檐明间大额枋局部彩画彩色图示

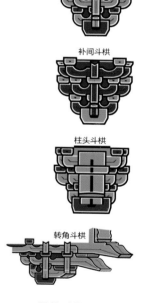

图18 斗栱彩画彩色图示

图15 外檐次间大额枋彩画彩色图示

图16 外檐次间小额枋彩画彩色图示

图17 内檐抹角梁彩画彩色图示

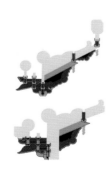

图19 斗栱剖面示意

图21 碑亭内檐彩画彩色图示

图20 顶棚彩画彩色图示

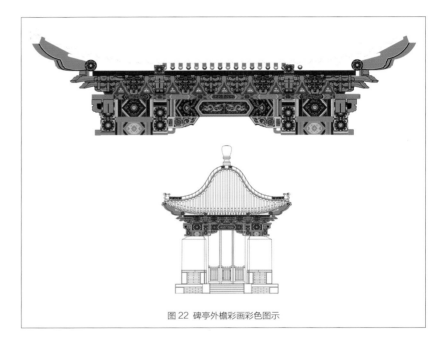

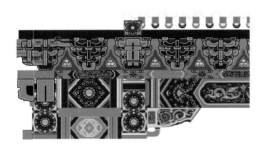

图23 碑亭外檐局部彩画彩色图示

图22 碑亭外檐彩画彩色图示

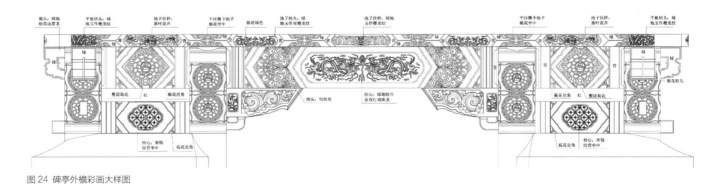

图24 碑亭外檐彩画大样图

赵　军　东南大学建筑学院教授
王振宙　东南大学建筑学院

参考文献

[1] 林徽因. 中国建筑彩画图案. 北京：人民美术出版社，1955.

[2] 马瑞田. 中国古建彩画. 北京：文物出版社，1994.

[3] 杨红，张学芹，曹振伟，纪立芳. 故宫咸福宫区建筑彩画保护研究. 北京：北京故宫博物院院刊.

寻迹·倾听
——徐汇街景油画的创作谈

文 / 王冠英

摘　要：本文通过总结自己的创作实践，着重介绍了我在创作的过程中所遇见的问题，解决的方法，完成作品的过程中的心里历程。通过作品呈现了自己的绘画技巧以及对城市建筑风景创作的理解与思考。

关键词：建筑风景　技巧　融合

上海的旧法租界集中在卢湾徐汇的众多条马路上，是近代中国四个法租界中开辟最早、面积最大、最繁荣的一个，也是上海发展得最好、最繁华的区域。这里有着深厚的文化底蕴，它和法国巴黎有着分不开的历史渊源。随着岁月的流逝，那段历史已被淡去，留下的是我们今天对历史沉淀下来的文化意义的思考。

散落在徐汇区的老建筑，是历史留给上海的珍贵遗产。法式的浪漫与中西合璧式的融合，渗透在建筑物的外墙、内饰，以及庭园。漫步在徐汇区永不拓宽的老街道中，你会恍然身处巴黎，几乎忘记了时间和地点。这些风格各异的经典之作遍布徐汇区的大街小巷，让人们能从这个越来越现代化的城市中寻找出一些历史足迹和文化底蕴。她们静静地矗立在那里，仿佛叙说着徐汇这块土地上发生的那些故事。人们漫步在那些老式的街道中，时尚、艺术、浪漫、悠闲……缓缓品味、细细感受，在不知不觉中就融入其中了。街边咖啡的香气中，能断断续续地让你嗅出那迷离而遥远的老上海味道。这些老房子将自己的"灵魂"与"影子"，凝固在上海这座城市的文化精神和文化遗存里。读懂这座城，得从那一个个饱含沧桑、蕴涵丰富的老房子读起。读不懂它们就读不懂这座城市的灵魂。它们与街道构成了怀旧情怀的后花园、栖息地、落脚点……

在老街和建筑中穿行，你首先能感受到当年的浮华和繁荣，就知道了为什么上海以外都是"乡下"。而路过一座座名人故居。在时空的穿越与重叠中，聆听那些动人的传说与故事，悄悄地和先人们窃窃私语与交

图1 《傍晚的徐汇》　80×80，2017

谈。便可知晓为何一个如此浮华而动乱的时代，涌现了那么多豪杰英才，文人墨客。穿行在这样的空间里，每次都不忍走出那带入我无限遐想的街道。

这里的梧桐树和它繁茂的枝叶让古老的街道充满了我们渴望的情调，它身上那层层

疤痕就是这城市岁月年轮，他们是时空的见证者，它们摇曳着身肢，冷眼旁观着老建筑内外在长衫与西服交错中，上演着各种人间的苟且与欢笑，悲剧与喜剧。当年华人与狗不得进入的地方现在却成了这座城市的骄傲与亮点。这些老建筑是老上海的记忆，是过

图2 《国际教堂》 100×80, 2017

图3 《柯灵公寓》 60×60, 2017

图4 《上海的拐角之一》 60×60

图5 《上海的拐角之三》 80×80

去的伤痛，也是这座城市的现实的美好，是历史和现在的人生舞台。

世界上很难找到像上海这样的城市，古典高雅的韵味与现代时尚的潮流如此完美地融为一体，在浪漫与奢华氛围的背后，依旧保留着能够慰藉渴望自由心灵的一些东西，而我更看重那里所积蓄着的文化内涵。我画

这些街景是一种挽留，也是孤独者对乡愁的寄托。

我表现的徐汇区的街景是平视的，如同行人的视角，运用移花接木式的对景不对季、对季不对景的国画写景方式来展开街景油画的。于是，更多地画了城市失温的空镜头，静观理性的热性的沉淀，我画的徐汇

街景更多地表现了城市的冷酷和文化底蕴的沉积。不关乎现在的行人，它只和驻足凝视这街景的人有关联。建筑是城市时代的纪念碑，也是每个人抹不掉的记忆的胎记，同时也是不同时代人们的集体记忆。随意地抹去它，等于格式化了所有相关人的情感纽带，会使我们迷失。

图 6 《上海的拐角之四》 40X40

图 7 《宋庆龄基金会》 80X80，2017

图 8 《徐家汇远眺之二》 50X40，2017

图 9 《雨后徐家汇》 80X60，2017

　　我的油画是中西绘画技巧"融合"的绘画。今天，我是想以中国的目光和用西画的材料描绘徐汇的街景。用书写笔法落笔肯定。画里的物象基本不借助西方绘画光影塑造，在我的眼里只有色彩与笔触；只有画面中的点、线、面之间的纠葛与节奏。这是一种适合我自己的艺术语言和表达方式。

　　人们看过我画的徐汇都会说"你画的和巴黎不一样"，是的，"一个是我记忆里的城市故事，一个是我正在生活的城市的故事。"绘画作品的产生，不论具象、抽象和表现，一定都和你的生活状态和对环境的观察和思考有关。生活环境和观念的改变，直接或间接地都会改变你对艺术的感

知。用今天的眼光去描绘这些建筑，就具有了时代的新意，这种视觉的穿越，在今天赋予了新的内涵，让我们思考我们根在哪里，将走向何方……　藉·美

　　　　王冠英　上海大学美术学院建筑系教授

论观念艺术与景观设计

文 / 曾伟

摘　要： 现代艺术越来越呈现出哲学化的趋势，观念艺术已经成为当代艺术家重要的艺术表达方式。艺术家们不仅仅在反叛传统的艺术概念以及突破传统的艺术体制上下功夫，而更多考虑的是作品所具有的社会学或者人类学意义。当观念艺术在现代艺术运动中走向全新的发展时，景观设计也从中吸收借鉴，从而形成了新的设计观念和形式语言。在对观念艺术特点进行分析的基础上，从设计观念和形式语言两个方面论述了景观设计对现代艺术的借鉴。

关键词： 观念艺术　景观设计　艺术思想

早在20世纪初，杜尚就宣布了艺术的死亡，鼓吹艺术家的思想比他所运用的物质形式更加重要，可以不作画，但不能没有思想。而生活是思想的源泉，所以可以理解为，只要生活着，就有思想，有了思想就有了艺术。生活跟艺术之间的鸿沟被逐渐填平，艺术即生活。通过这些新思想，杜尚把年轻一代艺术家的目光从形式主义的探索中吸引到观念的表达上来，为观念艺术的艺术形态奠定了基础。

一、观念艺术的兴起

追根溯源，观念艺术的基本原则都是由20世纪最令人瞩目的艺术家杜尚奠定的。1917年，朝气蓬勃的杜尚就把大工业生产的白瓷小便器《喷泉》作为作品送去美展，并且宣布：艺术的最终目的是表达观念，而不是用艺术技法制作的成品。

1961年，美国音乐家亨利·弗林特（Henry Flynt，1940－）在《随笔：概念艺术》中率先使用了"观念艺术"一词。他认为，声音是音乐的物质构成，同样道理，艺术的视觉含义依赖于文字，"观念艺术是以文字为材料的艺术"。1967年，观念艺术家苏尔·列维（Sol Lewitt，1928－2007）发表了《论概念艺术》，标志"观念艺术"已经形成一种当代艺术流派。

观念艺术的定义就和"艺术"本身的定义一样难以界定。它区别于其他艺术形式有两个关键特点：首先，它不同于传统视觉艺术中主要以物体图像为构成元素的作品，观念才是作品中最重要的部分。观念艺术家认为任何艺术形式没有好坏美丑之分，可以使用任何手段，包括口头语言和书面语言，因此它具有语言的表述性。其次，观念艺术能够重复制作，绝对没有传统艺术的独一无二性。例如，1968年，伊安·博恩（Jan Burn，1939－1993）的观念艺术作品《复印书籍》。此书的第一页是一张白纸，第二页是第一页的复印，第三页又是第二页复印页的复印……直至复印完成，装订成书。在整个复印过程中，艺术家完全是机械性操作，没有加以任何所谓的"艺术加工"。

二、观念艺术家及其作品

比较重要的观念艺术家主要有约瑟夫·科苏斯（Joseph Kosuth，1945－）和依安·汉密尔顿·芬莱（Ian Hamilton Finlay，1925－2006）等。约瑟夫·科苏斯在1965年创作的《一把和三把椅子》表达了如何把艺术的视觉形式直接向观念过渡的思路。这个作品是由一把真实的椅子、这把椅子的照片、一段从字典上摘录下来的对"椅子"这一词语的定义三部分构成。科苏斯提供了关于这把椅子从客体到主体的全部可能性，并以此探讨文字、现实和图像三者之间的关系。他想要表达的意义是：椅子（实物）这一客观物体可以被摄影或者绘画再现出来，成为一种"幻象"（椅子的照片），但无论是实物的椅子还是通过艺术手段再现出来的椅子的"幻象"，都导向一个最终的概念——观念的椅子（文字对椅子的定义）。椅子所体现的三个部分的形态，就是艺术形式和艺术功能关系的形象图解。以实物为依据的图像最终是为了给人提供一种观念，艺术品提供的观念才是艺术的本质。当艺术家想在根本上抓住艺术的本质时，他完全可以抛弃艺术的形式部分，直接去抓住观念的部分。根据这种逻辑，对可视的形的轻视和对内在的信息、观念和意蕴的重视就成了观念艺术的核心。

依安·汉密尔顿·芬莱把观念艺术的动机和大地艺术创作的手法结合起来，作品以追求新形式、新模型、新概念为特征，是探求基地文化特质的典型代表。如果了解芬莱的观念，就会理解芬莱的设计动机和思考的深度。芬莱是"新柏拉图"式的理想主义者，他超越了历史的局限性，不断从远古时代的巨石构筑物和早期哥伦比亚文明中获取灵感，并认为被人类智慧侵扰越少的越是理想的自然环境。在芬莱的作品中常常是将非自然界的铭文置于自然环境基地中，这些语汇上的阐释将人们带回对"场所"时间性的思索，以求引起心灵上的共鸣和强化意识的表达。

如果只从表面上看，他的设计仅仅是普通的乡野风光，认真研究他的设计思想，就会发现其内容十分丰富。1967年他着手在苏格兰设计了一个富有诗意的花园——小斯巴达（Little Sparta），如同绘画般美丽的带有文字元素的石质和木质雕刻散落其间，探索语言和符号之间的差距，在与其他景观的前后联系中，找寻语言和形体之间微妙的相互作用。小斯巴达是一个高度诗意的景观，表现了芬莱对于田园牧歌式绘画的回忆，以及对维吉尔田园诗里黄金时代的怀旧，他试图从中找回先人的智慧、力量和道德品质，的确具有一种强烈的观念感蕴含于其中。

观念艺术关注的已不仅仅是美术技巧的最终产物，它的焦点已转向艺术创作的思维过程。观念艺术的核心理论是：为了进入精神领域、探索未知世界，为了获得新的感知和经验，必须摆脱传统的内容和形式。它填平了传统的艺术分类和各种不同艺术之间的鸿沟，让生活直接成为艺术，而不仅仅限于用艺术表现生活。观念艺术的发展使得艺术从美术馆或者画廊的狭小空间中走出去，向着社会生活的各个领域不断渗透。

三、观念艺术的景观实践

英国的观念艺术家托尼·海伍德既是一名画家，也是一位景观设计师。他不断尝试融合这两个不同的门类艺术，所以作品通常被称为"观念"或"景观装置艺术"。近几年，他的作品频繁出现在英国皇家园艺学会举办的展览中——汉普顿宫廷花卉展和塔顿公园展，这也表明了一种态度，大众逐渐认可了观念艺术的景观。

海伍德作品中的构成元素都是常规的，大部分作品都具有装置的特征，因为这些作品在制作和展示过程中，艺术家将其所存在的物质环境和人文环境都纳入了他的思考范围之内。海伍德认为作品其实都是他的"思想"，是他一次景观思维的投入和活动，一次概念操作的过程。这种做法使他开发了一个极端的以拼贴艺术为基础的形式，通过剪切和粘贴的手段，表现出越来越多只在电视、电影或者电脑游戏中出现的——往往是高度夸张和超现实形式的景观，作品总是充满了创造性和启发性的力量。这些观念的景观形式向观赏者呈现出一种传统的景观中所无法表现的东西。海伍德希望观赏者在他创造的观念艺术的景观中，既能获得视觉刺激，同时也能感受到其背后的情感和想法，最终开创出一个新的景观体验，包括以下四点：

（1）画面的动感。当代景观艺术的实践逐渐体现出观念艺术的特征，艺术家不是一味地考虑对环境视觉化表象的传达，而是更多地希望阐述一个概念的意义和唤起人们对当下人类生存环境现状的思考。螺旋滑梯花

园是一个美丽的小型景观，春天草木吐绿，鲜花绽放；夏天绿树蔽阴，青草覆地；秋天果实累累，满园飘香；冬天花草犹在，鸟鸣其间。它的主体部分建立在一个80平方米的荒地上，由英国的观念艺术家托尼·海伍德设计创作完成。海伍德在这个景观设计中生动、完美地诠释了线条的美，炫目的色彩组合以及植物与材料在纹理上的强烈对比，充分体现了艺术家吸取了观念主义绘画的精髓，试图通过理性抽象的景观，与欣赏者形成观念上的共鸣。整个设计追求一种螺旋上升的组织形式。从左上角插入画面的蓝色有机玻璃，一部分被掩埋在泥土中的栏杆、黄杨树篱和像船一样弯曲的抛光不锈钢板都有机地组合在一起，形成了这种旋转的形式。漩涡中心布置的是由火山喷发形成的岩石，

十分突兀，让人联想到地球的核心。景观整体急促和动感的形式，似乎预示着当代生活的紧张与忙碌，暗示出人们所面临的压力以及冲破这种压力的愿望。

（2）审美的角度。在"螺旋滑梯花园"里如巨帆般的石板一块块插在蓝色的有机玻璃中，它瞬间抓住了观赏者的眼球。这些石板似乎航行于一条平静的蓝色河流中，不自觉地使人耳边产生了潺潺的流水声，令人遐想无限。接着浅色石块转移了观赏者的视线，然后慢慢将它引向弯曲的抛光不锈钢挡板。精心布置的常绿植物为不锈钢的硬边及高强度的反光表面赋予了生机，增强了对于不断变化的景观的捕获和思考。最后目光落在中央螺旋形式上升的圆上，让人回味无穷。（图1）

图1 螺旋滑梯，托尼·海伍德，2008（图片来源：Gordon Hayward. Art and the gardenner: fine painting as inspiration for garden design. Gibbs Smith. 2008）

图 2~图 3 螺旋滑梯，托尼·海伍德，2008（图片来源: Gordon Hayward. Art and the gardenner: fine painting as inspiration for garden design. Gibbs Smith. 2008）

（3）线条的韵律。在托尼·海伍德设计的景观中，由圆形构成的宁静的左下方角落和由曲线、不规则线条构成的剧烈运动的右上方之间形成了强烈的对比。右下方角落里，不规则的石块四处散落的摆放着，与左上方那些设置成鱼鳞状的精心布置的小石板之间产生了强烈的对比。这些不同线条间的对比产生的独特韵律，都是为了清晰地呈现设计师的思想。

（4）统一与和谐。在海伍德设计的景观中，中央漩涡部分几乎完全使用了一系列针对自然的硬质材料，它反衬出具有装饰效果的常绿灌木和草地，无疑是主要的设计元素，其他所有的次要元素都向它靠拢。棕色的豆砾石贯穿于整个花园，把每个不同的部分连接起来。如果遮住蓝色有机玻璃所在的区域，将会发现整个花园的色彩十分协调：绿色、棕色、黑色、灰色。只有散落的浅色石块表面上的氧化铁呈现出淡淡的橙色。平静的色调使得蓝色玻璃和棕色石板更加炫目，使人的印象更加深刻。为了更好地融合所有的设计元素，托尼最终在植物上整体使用绿色进行了协调。（图2、图3）

托尼·海伍德艺术实践，体现出观念艺术是一种综合性的艺术，具有强烈的开放性和自由性。作为一种对当代生活以及人们的心理体验进行模仿、呈现和提炼的艺术表现形式，观念艺术随着文化视点和切入角度的不同已经深入到了学科的内部和智慧的深处，在思想、艺术和景观之间架起了一座桥梁。在这种情况下，如果仍以一种固定而且统一的模式去看待观念艺术显然是徒劳无益的。从某种意义上来说，这种从"观看"到"阅读"或"体验"的变化，正是观念艺术对景观设计的影响与以往的艺术形态的差别所在。菀·美

曾 伟 东南大学艺术学院讲师

参考文献

[1] 王向荣,林菁. 西方现代景观设计的理论与实践. 北京：中国建筑工业出版社，2007.

[2] 徐淦. 观念艺术[M].北京：人民美术出版社，2004.

[3] 马永健.后现代主义艺术20讲[M].上海：上海社会科学出版社，2006.

[4] 成玉宁.现代景观设计理论与方法. 南京：东南大学出版社，2010.

[5]（英）布莱顿·泰勒.王升才、张爱东、卿上力译.当代艺术[M].南京：江苏美术出版社，2007.

[6] 杨志疆.当代艺术视野中的建筑. 南京：东南大学出版社，2003.

[7] 吴家骅，叶南.景观形态学. 北京：中国建筑出版社，1999.

[8] Gordon Hayward.Art and the gardener: fine painting as inspiration for garden design[M].Gibbs Smith，2008.

【基金项目】江苏省社会科学基金项目"基于江苏城市化进程中的景观设计研究"（项目编号13YSC016）

再论云南少数民族文化的传承与运用

文 / 宋坚　李卫东

摘　要： 随着当今现代化进程的推进，云南少数民族传统文化艺术与现代飞速发展的社会相互交融与碰撞日益加剧，这是在民族文化演进过程中不可回避的问题。本文从艺术设计的角度，侧重探讨了在现代化的过程，部分少数民族文化的形象慢慢正在被消解，如何保留少数民族文化的可识别性，这正是我们需要思考的一个问题。

关键词： 现代化　少数民族文化　可识别性　迷失

千差万别的万事万物，构成了世界丰富多彩的绚丽图景，但每一个事物或物质都会给人一种认识和辨别的属性。一个民族的可识别性艺术形式往往隐含在建筑、雕塑、服饰、工艺品等设计形式中，并融入当地人文环境的生活习俗及文化艺术活动，由此形成这个民族的认同感和归属感。这些可识别性形式往往具有独特的风貌和强烈的视觉冲击力，包含最具有视觉识别传达功能的设计要素，让人一看就能确认这是某一个特定的民族。下面我们以云南的纳西族、白族为例进行解析。

一、纳西族白族的文化可识别艺术形式

纳西族主要居住在云南丽江地区，拥有自己独特的民族文化形象识别形式。

（一）纳西族文化的可识别艺术形式

（1）东巴文：是写画在木头和石头上的文字痕迹，这种文字主要用于东巴教祭司书写经书，内容有宗教、天文、地理、历史人物、医药、畜牧、家庭形态、饮食生活、民族关系、风土人情等，是了解认识纳西族古代社会的百科全书。

2

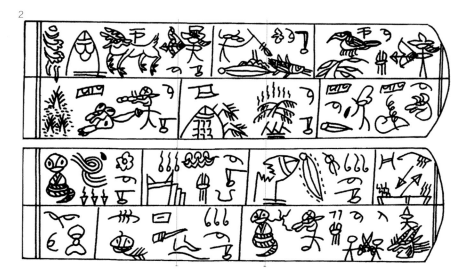

图 1《云南印象》杨丽萍
图 2 纳西族东巴文经书

3

4

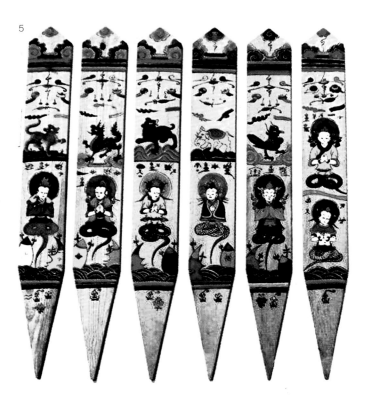

5

6

图 3 东巴经书
图 4 传说中的大鹏神
图 5 东巴课牌
图 6 纳西妇女服装

（2）纳西古乐：是一种道教洞经音乐。其韵律保留了中国古典丝竹乐风，还揉进了纳西族音乐的特色。纳西古乐的曲目中保存了部分唐、宋词曲牌（如浪淘沙、水龙吟等），演奏的乐器中还使用着古老的汉唐时期的乐器（如曲颈琵琶、胡拨、芦管等），在演奏中还保存着唐代音乐的遗风而著称于世。

（3）东巴画：东巴画的内容主要表现古代纳西族信仰的神灵鬼怪和各种理想世界，其中也反映了古代纳西族的各种世俗生活，

是纳西族宗教活动时用于膜拜与祭祀。

（4）神路图：东巴画中，以布卷画"神路图"最为有名。意为东巴为死者评断，指点通往神地之路，它是东巴教绘画中的辉煌巨作，是纳西族东巴教用于丧葬和超度亡灵仪式中的一幅长卷绘画。

（5）服饰：纳西族过去以自织的麻布或粗布为衣料，青壮年喜穿白色，老年人喜欢黑色，以表现其二元对立的宇宙观。现在妇女服饰在保留传统特色的基础上演变和发

8

7

9

帽 花夹 环环
头 发珠
耳 巾带锡链
项 围 手镯
腰 布鞋

图 7 大理白族建筑
图 8 大理剑川木刻
图 9 大理白族的背被

展。"披星戴月"是纳西族妇女的服饰，她们的传统服饰形成了自己独特的风格，蕴含着纳西族丰富的历史和思想内涵。

（二）白族文化的可识别艺术形式

白族人民在长期的历史发展过程中，创造了光辉灿烂的文化可识别形象。

（1）建筑：白族在建筑艺术方面独树一帜，唐代建筑的大理崇圣寺三塔，主塔高近六十米，分十六级，造作精巧，近似西安的小雁塔。白族民居建筑多采取"三房一照壁"或"四合五天井格式"。他们十分重视门楼建筑和照壁、门窗雕刻及山墙彩画文字的装饰艺术，通常采用泥塑、木雕、彩画、石刻、大理石屏凸花砖和青砖等组成串角飞檐，花枋精巧，斗拱重叠，雄浑稳重，体现了白族劳动人民的建筑才华和艺术创造力。

（2）雕刻：剑川石宝山石窟，技术娴熟精巧，人物栩栩如生。它具有我国石窟造像的共同点，又有浓厚的民族风格，在我国石刻艺术史上占有很高的地位。元明以来修建的鸡足山寺院建筑群，巍山巍宝山的寺庙建筑，屋角飞翘，门窗用透雕法刻出了层叠交错的人物花鸟，巧夺天工。

（3）服饰：白族人民偏爱白色，他们建筑的总体色调是白色，白族传统服装的色调也是偏白色。白色反映了白族人民对纯洁无瑕的追求和向往。

二、民族文化可识别艺术形式在当代的迷失

今天，一个明显的现象是民族的可识别性形式正在被符号化、装饰化，甚至被模糊和曲解，民族旅游产品被解构，缺少不可取代的名优品牌，民族的可识别形式失传。

以丽江大理为例，具有民族建筑风格的丽江古城大研镇和大理的民居街坊，现在大多数民房都被用作餐饮、客栈、酒吧，显示本民族的象形文字和艺术图案，仅只是作为招揽生意的门面。五光十色的商业街道，到处充满了喧嚣的"一夜情酒吧"、"千里走单骑"、"一米阳光"、"洋人街"快餐式文化，在丽江束河、大理洱海一带，越来越多的本地民族搬离了世代居住的地方而转租给外来经营者，民族的原真性艺术正在遭到不同程度上的破坏。几乎所有的民族古镇都充斥着大量出自于义乌等地的"民族工艺品"，云南自己的民族文化可识别形式，如"茶马古道"、"牛虎案"等，却没有设计出有品牌效应、知名度高、构思精妙的旅游产品，打造出自己的可识别性文化艺术形象。同时，民俗文化的真实传承遭到阻断，新生代的本地民

图 10 世界文化遗产标志
图 11 古滇国青铜牛虎案

10

族生活在渐行渐远的文化环境中，青少年对自己的民族历史、文学艺术、宗教信仰的了解甚少，甚至连本民族的语言也逐渐淡忘。

三、回归与构建民族文化的艺术形象识别

丰富的少数民族文化艺术和独特的地域地貌风情，一方面扩大了民族地区的知名度，另一方面旅游热的影响，正在削弱和模糊各少数民族的识别性。如何凸显鲜明的民族形象，在传承、交融、创新中，既保持民族文化的原生态性，又体现民族文化艺术的发展性和现代性。

如果仅仅靠出售古老而有限的民族实物来谋取效益最大化，无益于是杀鸡取卵的短视行为。民族发展史深刻揭明，最优秀的民族文化作品往往是最具有可识别性的特征。因为这样的可识别性深植于民族文化的广袤土壤，来自于艺术家和设计师对民族文化的凝练和提升，使得一个个鲜活生动、丰富饱满的艺术形象，闪亮世间，立于世界民族之林，只有民族的才是世界的。

11

图 12 东巴文字的变体
图 13 茶马古道雕塑

12

首先，收集整理。建设和发展云南民族文化，需要挖掘、征集、整理，更需要借鉴、取舍、扬弃、创新、超越、提升。文化产业在推广过程中，优秀的民族文化可以起到一种先导的作用。只有真正重视民族文化才能树立清晰形象识别，才能把具有云南民族感召力的产品推向更为广阔的市场。这个收集整理的过程，既需要政府的支持，也需要大量文化企业的参与，更需要各族民间人士的热情参与。这种收集整理再创新的过程，可能很漫长、很辛苦，但意义更深远、更持续、更宏伟。

其次，找准合适嫁接点。完全固守传统民族形象，排斥优秀外来文化，最后会因封闭而"老化"，失去生机和活力；反之，摈弃传统民族形象，离开民族文化之根，任意剪裁、拼凑、组装，消解了民族特色，只会导致民族文化识别性的模糊错位，无差别而消失。尊重少数民族文化的形象识别特征，应当是把保护本地传统与放大发展空间结合起来。换而言之就是要"从全球着想，从本地着手"。

最后，实现开发与保护二者的统一。民族文化的开发与保护，既是对立的，又是统一的。文化需要更新，文明需要提升。没有开发，也就没有民族文化的传承和延续。保护是指对民族文化的爱护守望，要善待和尊重民族文化传统，护卫民族文化的真谛和精魂。保护是为了民族文化更持久的开发，实现文化资源的永续利用。在保护中开发，在开发中保护，开发与保护，二者唇齿相依，相依相存。才是实现对待民族文化形象可识别形式的正确方式。 華·美

宋　坚　昆明学院美术与艺术设计学院副教授
李卫东　昆明理工大学建筑与城市规划学院讲师

13

参考文献
[1] 周至禹. 思想与设计. 北京：北京大学出版社，2007.
[2] 曾德昌. 云南民族文化形态与现代化——楚雄民族文化考察报告. 成都：巴蜀书社出版社，2012.
[3] Ning Ma. Varianten der Ironie. Hamburg. Kovac, 2013.
[4] 马志坚. 应重视云南民族文化的现代表达. 今日民族，2004（4）.
[5] 易宇丹. 现代平面设计融入传统元素的转换重构. 中州大学学报，2011（1）.

城市公共艺术
——雕塑《百年基石》创作

文 / 温洋　刘海岸

项目位置： 大连海事大学主入口北侧
项目委托方： 大连海事大学
项目负责人： 温洋
项目设计： 温洋
雕塑制作： 温洋　郑淼　刘海岸　贺海波　田野　邹杨　刘凯
雕塑加工： 大连金世嘉艺术制造有限公司
雕塑材质与尺度： 铸造青铜　预制GRC，8300mm×3200mm×5200mm
项目建立时间： 2016年12月

1

2

雕塑的主题是纪念中国海事教育百年发展历史，并且按照历史时期的划分选取了八位历史人物作为代表。如何展现百年历史人物和突出中国海事教育发展的历程是雕塑创作的文化背景，而具象的客观与抽象的隐喻在造型上的协调、民族主体语言与历史叙事的再现成为雕塑创作观念方面的深入。

雕塑运用现代造型的形象与肌理进行了纪念碑式的叙述和表现。雕塑的主体造型以构成主义手法和非对称形态建立了带有动态的形体寓意，可以隐喻成为历史书卷，海洋沧桑，以此创作意图传达出纪念碑的内容背景。

浮雕部分通过历史人物的具象手法塑造，可以呈现所记载历史的严谨真实与存在感，具象化的雕塑语言在公共艺术表现上有较好的社会文化接纳性，这为明确纪念的内容和主题认可建立了良好的交流基础。浮雕部分的背景采用了线性的肌理塑造，运用与吸取国画写意笔法和枯墨痕迹营造沧桑雄浑之气。

在浮雕部分与整体造型组织关系中，移用了地理裂谷的纹理感，试图以裂谷样式的撕裂和裸露，来传达宏大历史进程中的发现与记忆。在材质上也做出了对比关系的处理，在材质色彩明度和材质肌理上以反差强调了作品的醒目程度，也在构图上作了分割，控制了观赏视角的合理与舒适度。白色GRC以水平肌理贯穿于起伏的转折面中，形成了细致的光影关系，调和了立面明度与肌理关系上。

雕塑作品改变了传统纪念形式雕塑的刻板与压抑，以一种带有中国文脉的雕塑主体语言建构了具有时代感的历史叙事和纪念表达观念。在以纪念为内容的城市公共艺术创作中，展现了诗性美学的文化自觉，契合了当代城市公共艺术的精神。筑·美

温　洋　大连理工大学建筑与艺术学院
刘海岸　大连理工大学建筑与艺术学院

图1《百年基石》雕塑正立面
图2 雕塑透视
图3 雕塑材质肌理
图4 雕塑材质细部
图5 雕塑环境
图6 现场影像

北京法海寺建筑艺术赏析

文 / 王辉

摘　要： 法海寺是明代建筑与艺术文化中的瑰宝，作为精神产品，它们蕴含着创造者的艺术向往、审美愿望与精神追求。本文分析了法海寺建筑布局，对该建筑的实用价值艺术价值、功能做出评价，认识和欣赏传统寺庙建筑的艺术价值并从中获得审美享受。

关键词： 法海寺　建筑　艺术　欣赏

法海寺位于北京西郊翠微山南麓，距石景山区模式口村约500米，东靠馒头山，北连福寿岭，西依蟠龙山，周围松柏掩映，群山环抱，环境清幽。该寺原名龙泉寺，于明正统四年至八年间（1439～1443年）改建成"法海禅寺"，明弘治十七年到正德元年（1504～1506年）重修，但寺内壁画没有重绘（据寺内东侧碑刻，明礼部尚书胡撰《敕赐法海禅寺碑记》），我们今天所看到的法海寺大雄宝殿和壁画正是577年前的原作。

法海寺是明代建筑与艺术文化中的瑰宝，作为精神产品，它们蕴含着创造者的智慧、愿望、审美等构成因素。在我国漫长的封建王朝历史长河中，明代与其他少数民族政权相比，明显看出它们在审美观念上的差异与独特之处，即能将崇高和人文情怀形象地表达出来。法海寺建筑与壁画定下了崇高和人文情怀的基调，反映出明代人们心目中崇高与庄重及旷达与平和之美。

一、法海寺建筑概述

法海寺全寺四进院落，建在逐层抬高的四层高台之上，东西面宽72米，南北进深150米，占地1.08公顷。法海寺依山叠上，院内有山门、护法金刚殿，左右两侧是西鼓楼和东钟楼；高台上有天王殿，左右两侧是伽蓝堂和祖师殿及廊庑，院内正中为大雄宝殿；高台之上有药师殿，左右两侧是选佛场和方丈房；高台之上是藏经楼，左右两侧是西配殿和东配殿。这里只有大雄宝殿和内部壁画为明代建筑和绘画，其余都为后人根据法海寺图纸重新修建。

我和学生沿着逐渐高起的小路行走一公里，向远山望去，苍松翠柏掩映着法海寺——红墙、琉璃瓦和白皮松。近看四柏一孔桥，单孔小石桥两端左右各有两颗不规整的柏树。法海寺由明代宦官李童集资，宫廷工部营缮所设计修建。

许多文化艺术在自然、在社会、在民间，并非大学课堂，这些古老的历史建筑和传说反映了人民的智慧、勤劳、审美和浪漫。让大学生在文物景观中收获民间文学的内涵，领会文化的多样性，并结合专业特点认识、欣赏和传承古典文化是欣赏课教学目的所在。让大学生认识到体会到，许多民族古老的文化都是以传说形式延续至今，它们包括虚实两境，实境为现实中的文化载体样式，它是文化传承客观存在；虚境为浪漫神秘超现实主义意象存在，它是文化想象力和创造力的原动力，可以引发新奇的形象、遥远的追思、圣洁的感动、求真的情怀。当我们拥有想象力的时候，才会意识到思维还有超越，当我们走到知识的尽头时，就会有惊奇出现。

二、法海寺建筑布局

法海寺建筑以大雄宝殿为中心布局，这种布局显得大殿具有至高无上的地位，纵轴线上最主要建筑是大雄宝殿，其他殿宇是断连陪衬布局，寺院每个佛殿四周用廊庑或配殿环绕，成为独立院落，它们从属于整体建筑，轴线上

图1 法海寺山门

的主体殿宇建筑造型突出，院落空间和附属建筑从属于它，在平面构成中布局规整平和，全寺四进院落，依山势建在逐层抬高的四层高台之上，从而产生建筑空间的多样性，法海寺建筑特点是有一条主体突出的纵轴线，两侧建筑突出主体建筑，对称中显示庄严，整个建筑布局严谨，宏伟壮观，主次分明所有这些建筑特征和感受突出了明代寺庙建筑崇高与庄重，旷达与平和之美。建筑布局为京都地区明代寺庙建筑的典范。

（一）一进院落

院内有主要出入口山门和护法金刚殿（结构整体完好，1983年重修），山门也叫三门，中间大门两边小门，法海寺虽有一个门也叫三门（图1）。佛教中"三解脱门"之意，其意为空门、无相门、无作门。山林为真，由此而入归向真道，在真道中修炼，故叫山门，即使寺庙建在城市也叫山门，既有数量含义，又有修炼的引申和象征意义。明代之前山门和金刚殿是独立建筑，明代寺庙在山门里有护法金刚殿，内有两个密迹金刚力士塑像，法海寺山门是护法金刚殿南面墙，二者合二为一。左右两侧是西鼓楼和东钟楼，击鼓僧叫"鼓头"，管钟楼僧叫"钟头"，钟鼓之声惊醒红尘迷惑人。

（二）二进院落

高台上有天王殿，左右两侧是伽蓝堂和祖师殿及廊庑，院内正中为大雄宝殿。天王殿是接引殿，也叫二殿、韦驮殿和二佛殿，它是走过山门和护法金刚殿后，二进院落的起点，内正中供有大肚弥勒佛像。背后供有国画韦驮像（保护神），东西两壁供奉四大天王，均为法海寺文物保管所工作人员尚太安先生所绘。大雄宝殿是主要建筑，面宽五间，进深三间，殿前月台。殿内正中塑三世佛，两侧山墙前塑十八罗汉和李童像，均已毁。大殿和其内壁画是明初原物，三座砖石佛台及金砖地面皆为明初原建。大雄宝殿南北两方设门，空气流通，十几年前封闭北门后殿内红油漆柱面生虫，柱子之间是明代壁画，蛀虫越来越多，隐患仍未排除。

伽蓝堂是佛教寺院供奉护法神的地方。伽蓝有两种含义，一指寺院的通称，二指佛教的护法神。祖师殿是供奉为开辟或中兴道场大德者之处，道义为法忘躯，兴辟道场，及至身后，万民追思。于是立殿供奉以示怀仰。在寺院中，伽蓝堂与祖师堂分建于

图2 法海寺西配殿

天王殿左右两侧，伽蓝堂内供奉伽蓝守护神；祖师殿是供奉大德者。

廊庑，释义为指"堂下周屋"，即堂下四周的廊屋。分别而言，廊无壁，仅作通道；庑则有壁，可以住人。在寺庙中，主配殿、廊庑、院门、围墙等周绕联络而成一院。法海寺伽蓝堂和祖师殿及廊庑现为展览室。

（三）三进院落

高台之上中轴线上有药师殿，左右两侧是选佛场和方丈房。

药师殿也称药王殿，供奉"东方三圣"。主供东方净琉璃世界药师佛，左右胁侍为日光、月光两菩萨。选佛场是僧侣坐禅修行的地方，他们一定要衣冠整齐方可进入。一般人不可以进入。方丈房是寺院主人居住的房间，虽为一丈见方的斗室，但心容无限。法海寺药师殿、选佛场和方丈房现为大雄宝殿壁画珂罗版展览之处。

（四）四进院落

高台之上是藏经楼，左右两侧是西配殿和东配殿。藏经楼位于寺庙的中轴线最后面体积高大两层楼阁，顶层珍藏佛像和经书，下面为讲经堂，是寺院的藏经之处，左右两侧是西配殿和东配殿，一般来说，配殿总是次要一些，不事张扬，静静地伫立（图2）。但法海寺药师殿和藏经楼现为空殿，根据法海寺原图纸重建于2006年。

三、法海寺建筑欣赏

佛教传入我国以后与中国传统哲学和文化结合创造出我国的佛教思想，佛教建筑在我国历史建筑基础上产生了中国特色的佛教建筑，寺庙布局逐渐带有宫殿建筑特征，大雄宝殿平面结构以殿堂和廊庑围成现实生活庭院，形成外来文化民族化特征。大雄宝殿前的白皮松属于越制的，只有皇家园林才能栽种，但出现在朝臣私庙中，（图3）。殿内壁画有明显的宫廷文化特征。

（一）环境与建筑

在翠微山苍松翠柏掩映下的法海寺是一组暖红色的建筑，让人想到城市为俗，山林为真的典故。寺庙建造由城市转向山林，脱俗求真。由此而入，归向真道，在真道中修炼的禅境。法海寺山门和它前面几棵苍老遒劲的柏树，树皮纹脉流畅，在枝杈处依旧回转延续，给人一种高古平和之感。第一印象，山门、柏树和红墙给人以俗城退去，真道近在之感。

在一进院落靠近天王殿左右两侧各有一个凉亭，有石桌和四个石凳，人们可在这里休息、赏景，静享建筑设计理念中的人文情怀。从天王殿两米多高的石头墙基里倾斜长出几棵老榆树，突兀、古朴、简约中透着禅静。

大雄宝殿位于寺庙最大的二进院落主要位置，院内白皮松堪称北京之最。伽蓝堂和

祖师殿及廊庑周绕联络，形成一院。主殿立体突出，左右配殿低矮修长，立体感次之，天王殿就是一个平面，建筑节奏平稳中有韵律。红墙、棱窗、金色琉璃瓦、圣洁的白皮松和洁净绿针叶，二进院落简约萧肃，安静中思索自我，品味眼前的宁静。

（二）时空与建筑

清晨走在法海寺院落里，黎明的曙光伴着薄薄的纱雾，一切都在清逸淡韵中。尘世的浮华似缭绕的水雾，氤氲飘散。静能生悟；淡养澄性。

正午的阳光灿烂旖旎，湛蓝的天空，碧树红墙，光亮的琉璃瓦，仿佛看清了一切。向远方望去，翠微山上的小路是蓝色的。赏不尽天地人心优雅的背影，沉时坦然，浮时淡然，至真至拙至天然。

夕阳下的法海寺是一段最唯美的时光，见到一座金碧辉煌的禅院，眼前温暖华丽的金色笼罩在清静无为的国度，崇高与庄重的建筑臻美中透射着参悟，旷达与平和相遇就有了远离迷途的魅力。绿树红墙金色的琉璃瓦在金光普照下赏心悦目，入定入禅，早已走过千万年。

夜色下的法海寺仿佛心凝固在静谧中，冥思枯寂中洞彻旷达，黑暗中点亮心灯，照亮绝尘而去圆融的五更。

在空间上，法海寺由四种廊院组合成，佛殿是主要建筑，布置在纵轴线上。每个院落是独立的，但佛殿贯穿于纵轴线上，在欣赏的时间和空间上是连续完整合一有秩序有层次的过程，四进院落步步高升引导人们起承转合有序地观赏建筑的变化与丰富，在大雄宝殿达到高潮，院落具有主次分明、强弱共存的节奏韵律。

（三）禅意与建筑

佛教与儒家思想文化结合成为中国的佛教，产生许多佛教宗派，禅宗就是其中之一。禅宗兴盛于唐朝，主张冥想的自由意识，唐朝后期寺院受禅宗思想影响，布局规模表现为自由、朴素，展现了寺庙建筑与自然环境和谐之美。

1. 充满禅意空间布局

在明代之初，禅思想在寺庙布局方面发生了变化，山门和护法金刚殿合二为一（法海寺就是此样式），山门或天王殿内设钟鼓楼，更加讲究中轴线的绝对对称，强调突出大雄宝殿的中心位置。

法海寺依山傍水，闹中取静，静中显

图3 法海寺大雄宝殿前的白皮松
图4 法海寺大殿内藻井

禅。全寺四进院落，依山势建在逐层抬高的四层高台之上，从而产生建筑空间的多样性，庭院与建筑形成相互嵌套的空间位置关系，四进庭院使得原本简单空间变得层次丰富，庭院与配殿围合衬托成一条中轴线，引导视线及心理聚焦到大雄宝殿。法海寺建筑有序、树木简约、庭院空明，无论是动观园林还是坐观庭院，它们都或多或少地反映了禅宗美学枯与寂的意境。

法海寺除了以壁画闻名外，寺内的藻井也堪称一绝。藻井是殿内天花板正中的装饰建筑。因其华彩如藻，形状似井故称藻井。殿内藻井共有3个，每个藻井通高均为1米，分3层，天圆、地方、中八卦寓意非常深刻。各层之间使用斗栱，这些斗栱都是用许多雕刻精美的小木块相拼而成，制作技艺非常高超（图4）。

2. 光影本质即为空

光影变化的本质，即佛家所云的"空"。"知诸法门悉皆如幻，一切众生悉皆如梦，一切如来悉皆如影，一切言语悉皆如响，一切诸法悉皆如化"（自佛教经典《华严经》）。

禅宗认为对千变万化的世界保持心灵的平静与自由是修行的一种境界。寺前栽种的白皮松和榆树将斑驳变幻的投影映在建筑和庭院里，自由无碍，思绪入禅，成为一幅万事为空的画卷。

3. 在空静里求解脱

禅宗就是认识自我、简朴豁达、内心清朗。从禅宗角度看人生，物累、物牵太多。

静是有等级的，安静、肃静、宁静和空静。宁静和空静级别最高，寺庙便有一种宁静气氛，因为建筑简约肃穆，只要有一颗自由的禅心才能听出人生的空静，因为空静包纳万物，这便是宁静致远的解脱。

无论是我们欣赏建筑，还是我们陷入困惑境地，都需要智慧照个亮，看向远方。我认同哲学的佛教，不是宗教的佛教，前者为智信，后者为迷信，解放神学。

法海寺是中国寺院建筑一部意义深远的教科书，研究的意义在于有效地修缮管理寺院，保护民族文化传承和发展。**筑·美**

王　辉　北京北方工业大学建筑与艺术学院

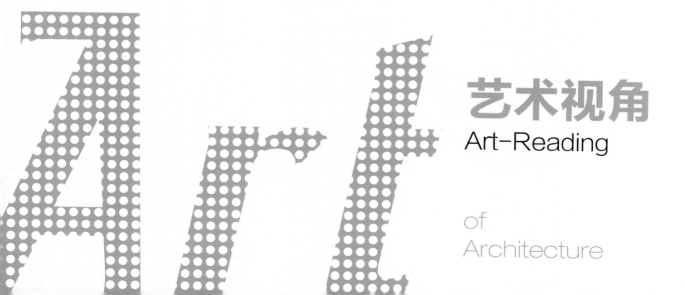

艺术视角

Art-Reading

of

Architecture

写生与画境
——油画风景写生的一点感受

文 / 靳超

近两年自己对风景写生忽然起了兴致，陆陆续续地画了百十来张油画写生。一路画下来虽然进展不大，但却留下了一些感想和记忆，以及作画时对具体画面处理方式上的感触。

我时常有这样的困惑，每每看到好的画家写生作品，总会觉得他们画得景色真好，很美，色调构图那么有画面感，总是觉得他们去的地方好，而我也去那些地方却没有看到那般神奇的画面，那般优美亮丽的景色。后来渐渐地明白，是那些画家"欺骗"了我，我渐渐明白写生其实是画家在造一个"画境"，一个似与不似之间的梦乡，是画家在构筑内心世界的那个风景，现实的景色只是构筑画境的一个线索而已。我们看到过无数写生作品，也不乏优秀的、娴熟的、色彩漂亮的写生画作。但这类作品更多的是泛泛的习作类写生，只是简单的对景临摹而已，充其量也仅仅是练习色彩的作业，画面缺少一种意味和令人神往的境界。

写生怎样表现那个特定的场景，每个画家都有不同的感觉和认知，之所以画有好坏高低之分，除了一些技巧，更多的是画家内心所设定的那个画面是不是更神奇和诗意，也包括手法是不是更娴熟和深刻，抑或是色彩、笔触、肌理等技术运用是不是更到位。

对于写生，有人分之为写生与写意，其实写生归根到底还是写意，即使是极其写实的风景写生，终归还是表达画家的心意。画家毛岱宗说："印象写生多依赖感觉，意象写生依赖知觉。"所谓印象写生，大体指的比较写实一路；意象写生指的是所画的物象离真实的景物比较远一些，更有一点写意的味道。

写生与观察：作为画家，若要使自己的眼睛保持着敏锐和敏感的观察力，最好的方式就是经常去写生，因为写生是最能让我保持观察力的手段。在写生时最重要的就是观察方法。怎样的看物象，怎样感受自然的美，首先是从看开始。在观察景物时，画者要面临选择，要考虑画面的效果或要思考所见之景的诗意之美，色彩之美，形式之美。具体到观察物象之间色彩、韵律之差，色彩的客观性与主观性的调和，既要观察物象形

状的外在之貌，亦要知觉内在的色、光、形式韵味。通过观察景物的外在形式，运用其经验、理念和谙熟的绘画技巧，综合自然繁杂的物象，组织起艺术性的绘画作品。使其在司空见惯的景物里发现美的律动、美的色彩和美的画境。

观察不同于被动或简单的看，观察意味着选择，关注哪些，舍弃哪些，强调什么，弱化什么，这些都需要画家在写生过程中通过观察来完成。通过观察去发掘景物的内在意味，去重新组织画面。有人说："观察是成功的真谛"，写生就是锻炼观察力的最佳手段，尤其是风景写生，需要你在瞬息万变

关键词： 写生　画境　色彩　观察

1

2

3

4

图 1 春绿一片萌
图 2 春山如笑
图 3 古村秋日
图 4 大凉山之夏

5

6

7

的景象里，在纷乱繁杂的自然里找到那一个你要表达的样态，一个诗一般的画面。写生时每一分钟都是在观察里进行，面对万物景象你要无时无刻地去选择与取舍，去记录去改变，去强化或减弱。写生的观察是整体性的感觉，观察色彩的关系，观察景物表象背后的内在意味。只有善于观察，学会认真、仔细、灵活地去"看"世界，才能真正画好写生。

写生与造境：如之前所说，画家写生其实是在造一个"画境"，那么写生的根本含义呢？有人曾对画写生有这样的看法：认为写生就要老老实实忠实于所写对象，将所见景象真实、完整地表现出来，认为大自然已经是创造出最美的画意。我们只需表达出自然的美就可以，就是真正的写生。其实这只是一种基本层次的艺术表达。"外师造化，

8

图 5 秋影婆娑
图 6 山桃点点红
图 7 赵家台残垣
图 8 有石板路的山村

中得心源"，张璪所说的意思是将自然与艺术家的主观情思进行统一，写生也是这样一个过程。我所说的造一个"画境"，并非闭门造车，首先要尊重所画物象的根本精神，如果脱离了所画物象的基本样貌，所画之物与景色相差甚远，甚至毫无干系，就成了胡编乱造或成为纯粹的艺术创作而与写生无关，那样就不是本文的讨论之题了。说到写

生的"画境"，其实每个画家在写生时都或多或少、或主动或被动地去营造一种画境，然而在一笔笔画下去的时候，许多问题就会显现出来，例如色彩的运用，某一种物象的表现都会不自觉地跟着对象跑下去。等醒悟过来，画境已失大半，结果仅仅落得个写生习作练习，与学生作业一般，只表现了当时景物的外在面貌而失去画境，自己也常常犯此毛病，常常兴高采烈地去，灰头土脸地回。根源就在于写生之时丧失了营造画境的心智，而被景物所困，就是写生时的景物依赖症。因为照着景物临摹最省事，不需动脑子，这是写生往往落于平庸的主要原因。如果把画面画得不落俗套，画得有意境，就要时刻注意审视画面的走向，在景物里寻找和选择有意味的因素，对景物进行归纳处理。另外，还需注意景物的特性，避免画面的雷

同感，不能在哪儿画都一样，警惕程式化或习惯化。有的画家迷恋于一种所谓的自我风格，无论天南海北什么景物，画出来的东西样态几乎一样，没有意境和特性的想法，失去了"写生"的意味。写生是画家与自然的对话方式，既然是对话就要有对话的主题。如果画家在自然面前自说自话，就失去了写生的意义。对画家而言，既要表现景物特性，还要表现画境，表现出特定景物的气质，这是对画者能力的考验。画自然之景，写心中之境，景境相融是为至境。

写生时的具体感受：每每寻得一处景色，置好画布、画架、油彩等，动笔之前往往思虑良久，思虑看到的景物与感受到的画境，二者的边界在哪里？怎样既能表现景物的基本特性，又有情境的升华，构筑起奇妙的画境。起手构图是一个构思的

8

Art of Architecture | 095

图 9 井陉大梁江村
图 10 灵水深秋

过程，面对纷乱繁杂的景物，构思往往是一张写生画作成败的重要因素。这种构思包括色调、情境与趣味。构图有了画境的构思，稿子就会顺手，就不会被现场景物所限制，这时还需要一点点想象力，把画面构成自己想要的样式，而在构图中也常常会有失败的风险，因为景物的现状往往与自己想表达的情境相差甚远，表达不好就会使画面失去生动、失去意味。所以说，写生也是创作，也存在很多不确定性。

写生色彩的运用与表现：关于色彩的运用与表现，画家们很少去讨论它们，因为每个人的表现方法各异，理解也不尽相同，但仔细考量会发现，色彩的运用是很多画家成功的秘诀，在作画过程中更多时候是在运用色彩将画面建立起来的。处理的方法，每个画家有不同的方法。我的方法是将色块先铺满画面，然后再用叠加的方法处理局部，色彩整体上注重基调，一般对比色边际做弱化处理。色域之间或对比或协调往往根据需要来表现，不被景物样态所限制。关于色彩对比的差别程度是根据画面设定的情境而定。同时这也是个人的习惯，包含着画家的素养与追求。

9

10

写生往往是很慢的过程，即使是一些看似激情荡漾、生动感人的写生，我认为也是一个慢慢呈现的过程，因为有时激情的泼洒往往会流露出不自觉地似是而非，看似激荡流淌的交融笔触往往会掩盖画境的自然显现。我时常在快速作画时心里告诫自己，别忘了初始的心境，要注意保持那一份安静的内在情绪，这样才会离自己所要的画境更近一些。

在画境的营造过程中，面对自然景物的选景、改景也是重要的手法之一。我们都知道写生时对景物的选择是必然的，而改景也是重要手段，就是对原景物进行改变，包括大小、远近、色彩、光影甚至人物，最好是将景物改变成为有趣味和情怀的场景，而不单单是一个场景色彩的再现。这一点自己也曾努力去做，怎奈缺少想象的天赋，始终没能达到自己想要的理想画境。

其实，画画是很个人化和私密的事情，有好多技术问题是无法用言语表述的活动，包括一些细微的表现手段，都是在不断积累和大量作画的过程中渐渐完善，好多理论说来说去都大同小异，而真正的功夫都要靠大量的实践来练就自己的门道和方法，关键是画家怎样去探究和实践。我始终怀揣着那个画境的梦去画写生，寄希望终有一天自己会走进那个梦幻的画境。 荔·美

靳 超 北京建筑大学副教授

图 1 天阙流云（2 次曝光）邱晓宇摄

寓意"筑"像
——建筑摄影之多重曝光探索

文 / 邱晓宇

有时候，你会发现某些建筑是有灵魂的。但当你饱含激情"咔"地按下快门，却发现没能表现它的灵动、它的深邃……带着它的"外相"离开，也许有点欣慰，但更多的或许是不舍。怎么办？

似乎绝大部分人认为只有借助于暗房或PS这类后期处理手段才能增添照片的想象力，或用前期摆拍为被摄场景增加情节和趣味，又或者在拍摄出的影像上用画笔点染染才能达成放飞想象的意愿。那些视觉作品也许艺术性不低，但是只把摄影当作了搜集素材的工具。这也许是因为摄影自诞生以来就是以记录为第一要务，以真实反映物像间关系的光波成为可信的物理佐证，也因此让人们并不期待用相机描绘想象。

那么，有没有办法用相机拍摄出更具独特构想的建筑艺术作品呢？摄影也该有主观、有艺术的一面，就像建筑除却技术、外相、功能，可以有灵魂、有性格、有情绪，也可以寄予隐喻、诗意和哲思。偶然发现，多重曝光的拍摄手法可以增加画面素材、置换场景、重构形象等，尤其数码相机的多次曝光功能对于摆脱具象束缚和记录枷锁大为便利，如此我们便可以放飞自己的构想和隐藏已久的情不自禁！

"组织关系"与摄影创作主观性

人们对于世间万物的认识已久，对于这种认识的经验积累极大程度地建立在直观的视觉之中，但哲学思想认识论的进阶，往往是对直观经验汇总后的提升，这种汇总的前提或者说核心可以理解为人对万物内在与万物之间的"关系"的理解和解释。北大朱青生教授曾说："艺术就是人的意义通过一种视觉符号，获得了显现和延伸的那一部分……艺术是一种创造的力量，一种解放人的力量，解脱人的力量，来把人的局限性打破的力量，成了人类走向自由的一条道路。"这里"符号"，是具有指向的意义，又兼具组织的功能——关联具象与抽象、客观与主观；"自由"，在此处很大程度上是指呈现于视觉作品的对于万物之间关系的创造性组织。

摄影，理应忠实记录来自被摄对象的反射光波，那么如此客观的一门技术，如要加入创作主体的主观，最适宜的方式便是在对诸物像的"组织关系"上下功夫，巧妙运用成像原理和视觉心理构筑影像的多义性时空，以承载主观意趣——寓意"筑"像，由此而体现作为一门艺术的创造力。

利用多重曝光构设影像新秩序

相机虽不像画笔那样可以凭空勾勒物像，但这不妨碍使用相机将多次曝光的时空截片根据创作者的主观需要进行重组——也就是说，摄影艺术的主观性可以体现在对所摄之像不同用意的"组织"上。尽管每一次快门开合都是记录来自被摄对象的反射光波，但叠加在同一底片上的"视觉效果"却可以"置换"被摄对象的形、色、质，也因此用多重曝光摄影技法便打破了前人所说"相机不能创造虚拟物像因而摄影不是艺术"的断言，从而构筑影像新秩序——虚拟物像、虚拟图形和虚拟场景！于是，摄影表达

2

3

的广度不再只是现实之象的镜像，而是包含无限广阔的意识之像。客观物象是我们认识世界的基础，但也可以是我们构建主观世界的素材，所以建筑摄影应该不仅拍摄建筑的具象之影，更能够表现这座建筑所蕴含的精神之像。横向来说，建筑集合了文化、科技等诸多人文信息；纵向来说，建筑在时间轴上的跨度更是记载了历史和自然的意志。于是，我在建构、探索摄影多次曝光理论体系中选择以古建筑形象为被摄素材，以摄影艺术的主观表达为研究方向，以对传统文化的领悟与表现为内核来创作建筑摄影专题。本文例图均选自《影绣长安》大型建筑摄影专题，主要被摄对象为西安城墙。

多重曝光影像的"浅空间"与透明性现象

偶然从建筑学家那里受到"透明性"这一概念的启发，融入些许对于完形心理学的形式美法则的了解，恰巧有助于我对于多重曝光相关原理的研究——同一底片上经由多次曝光收集到的多层"时空截片"，因叠加而出现影调互冲现象形成了"浅空间"，对于影像上因组织关系所产生的多义性善加利用，便有可能在"物理透明性"或"现象透明性"的视觉作用下，构设影像新秩序。

具体来说，不同角度多次取景曝光后，画面上会呈现出多个视角下的空间关系：

一，深空间——多空间的纵深方向基本一致，或即便不一致但画面上图形互不干扰，纵深感在互相作用中得到维持甚或加强，这与单次曝光模拟三维空间的感觉类似，是比较简单、直观的深空间（图1）；二，浅空间——多空间纵深方向显著不同，或即便方向相同但画面上各母题（以每次曝光目的为区分）图像之间出现了层叠、榫接、交替、镂空、包含、排斥等情况，描述纵深关系的内容被割裂或羽化消解，压缩了画面深度，形成了较浅的虚拟空间（图2）。

浅空间的营造使图形的位置有了双关的意义，而这样的暗示带来解读的多样化，从而生成多视角下开放阅读的乐趣，这种艺术特质我们称之为——透明性。这意味着不同空间层次的同时感知，也暗示着更广泛的空间秩序。由于摄影作品的载体特性与成像原理，多次曝光成像一般会出现两种状态：一是各次曝光对象均清晰可辨，这种"物理关系"层面的重叠显影体现出类似玻璃般的直观透明，即"物理透明性"（图3）；二是因出现深色再次显影、浅色相叠消减的"影调互冲"现象（图4），各次曝光对象不能完整再现，甚至互相交错，这种多视点的复合使空间解读出现多义性和矛盾性，我将这种属于"组织关系"层面的属性视为——摄影语言中独特的"现象透明性"，它描述的是一种空间上的秩序，为"组织关系多义性"的形成创造了可能。

图2《城阙春深》（2次曝光）邱晓宇摄
图3《纵横》（3次曝光）邱晓宇摄
图4《脉脉轻寒锁飞檐》（2次曝光）邱晓宇摄
图5《云起龙骧》取景素材
图6《云起龙骧》（13次曝光）邱晓宇摄

多重曝光营造组织关系多义性

完全不同于看起来酷似裙摆的一片卷心菜叶与加了琴孔的躯干背影那种单次曝光所反映的客观物象本身的"形的多义性"，多重曝光可因创意性地组织多层次时空截片而产生"组织关系的多义性"，这是不经过相机加工就不可能呈现视觉感受的。如图5取景素材诸如山石云水、亭台楼阁皆为现实中存在景物，而经由多重曝光取景拍摄时给予适当的曝光搭配与构图安排，便使观者在画面上既能够看见凌空而下的作为城墙"隐喻"的龙的影像，也还依稀能分辨建筑的轮廓、云水的质地，从而显现了因创意性重组时空而产生的"组织关系多义性"，如图6《云起龙骧》。图7《"月"迷钟楼》一图拍摄于正午的市中心，城门洞在画面上看起来更像一轮挂在夜空的月，虚的空间被视错觉赋形为实的体量。"昼与夜""闹与静""虚与实"的置换引发观者感性与理性的辩驳，也许更能生发对于"无与有""恒与变"的

4

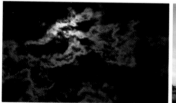

5

6

7

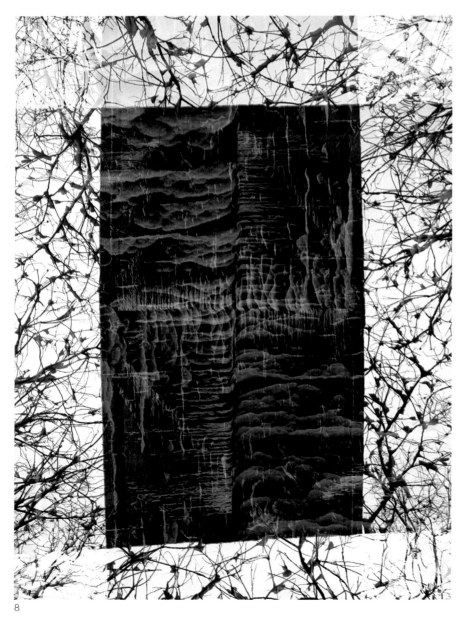

8

深层次辩证思考，这也体现了将"意象符号"月亮作为寄托情思与哲思的用意所在。

这些被摄物象素材虽然来自现实，但多重曝光后的成像却迥异于现实，生发于想象却成形于画面。进而依照透明性理论深究的话，多重曝光的现象透明性不只是视觉上对不同空间层次的同时感知，重点是通过解构、重组和双关使多种空间关系在一定的认知或逻辑单元中成为整体。于是，起初并不确定的图底关系在游离的视线中不住地翻转，后来被赋予的形状才成为选择性关注、理解与记忆的目标。图像上有可能因图层间的叠加和镂空形成与取景截然不同的，现实中本不存在的，只依存于视觉组织关系而可视的新图形。依此路径的创作远远超越了被摄物象的外在表征，可以具象，可以意象，甚至带有抽象意味（图8）。

结语

拍摄中实际空间与构想的画面内的虚拟空间之间的辩证关系、空间组织的多种解读的可能性，显示了表象与本质、本体与隐喻、物理事实与人为阐释之间的思考，令创作活动荡漾着缘心感物的思绪，亦充满了空外余波的意趣。"弦声断而意不断，此时无声之妙。妙在丝毫之际，意存幽邃之中。"对于观者而言，较之单次曝光来说并不直观的多重曝光影像反倒映出其视觉经验的素养及厚度——以表象的、形式的、本然的存在，暗合着内在的、无形的、冥想的虚寂，亦可体味建筑师的艺术造诣以及摄影师心悟的怡情灵趣和超逸遐思……

"心放于造化炉锤者，遇物得之"，"意"之于"像"的投射，是内心之思的外化，是虚拟转至存在的契机。建筑，因而承载了建筑师所赋予的灵魂；摄影，因而以不同的手法度化现实而延展了建筑师内心吉光片羽的丝丝灵感。

建筑，折射信仰，摄影亦如此。荏·美

邱晓宇 陕西人民美术出版社副编审、陕西师范大学客座教授

图7 "月"迷钟楼（2次曝光）邱晓宇摄
图8 数影方城——四（4次曝光）邱晓宇摄

作品欣赏
Art Appreciation

of
Architecture

《巴基斯坦民工》 冯信群

《伯尔尼之春》 唐文

《故园系列之三》 陈方达

《何日是归年》 王岩松

《采秋》王燕珍

《河滩》董智

《聆听中世纪的老歌——伯尔尼抒怀》唐文

《黄土窑》周建华

《南京 南京》张丽娜

《千与千户》童邸伟

《秋韵》 傅凯

《如美·绿湖》王义明

《如美·浓墨》王义明

《静物写生》李琪

《沙朗村的田野》宋坚

《山境》赵静

《水乡》朱军

《物语花香》王金花

《潭柘寺》储小平

《威尼斯的阳》冷先平

《五夫镇雨后》衣国庆

《溪山野居》翟星莹

《幽静》李卫东

《洲际导弹》于幸泽

《祖父的书房》刘晓东

《卓玛家的羊群》杨仁鸣

《徽州古村落——西递》周鲁潍

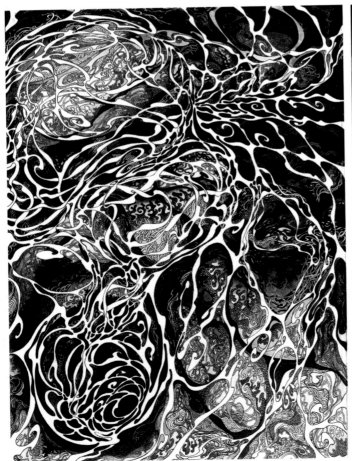

《无题》薛星慧

艺术交流
Art Communication

of

Architecture

印·城
——同济海外艺术实践教学实录

文 / 田唯佳　阴佳　周鸣浩

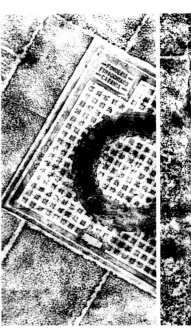

提　要： "传移模写"是公元6世纪艺术理论家谢赫提出的绘画六法之一，我们同济海外艺术实践选择"印城"
作为主题，借用谢赫的"模写"与"传移"概念创作于画纸之上——拓印城市的肌理与转译城市的历
史文脉、建筑和生活。在近两次旅行地意大利的艺术实践过程中，日常教学的主线被分为城市阅读与
艺术创作两部分，它们之间的交叉与分离体现了集体教学与个体创作的动态结合过程，并在最终的成
果中得到了充分的展现。
　　　艺术创作过程是素材收集、原料加工的过程，在这样的过程中，"拓印与转译"无疑是一种具有创新性
的、另辟蹊径的尝试。

关键词： 艺术实践教学、海外、城市阅读、多维度

气韵生动是也，骨法用笔是也。
应物象形是也，随类赋彩是也。
经营位置是也，传移模写是也。

一、前言

　　自2011年起，同济大学建筑与城市规划学院海外艺术实践历经六年，深度踏访了法国、西班牙和意大利三个国家，特别是在近两年赴意大利的旅程中，我们海外艺术实践教学尝试结合艺术创作与城市阅读两部分于一身，集整体教学与个体创作的动态结合。如何在海外的有限时间内，指导学生完成对原始素材的捕捉、理解和积累，是城市阅读部分需要完成的教学内容。就像公元6世纪艺术理论家谢赫提出绘画六法：1气韵生动是也，2骨法用笔是也，3应物象形是也，4随类赋彩是也，5经营位置是也，6传移模写是也。其中"传移模写"之法所述，"传移"是对原始素材获取，"模写"则是再造过程，两者合一便是我们"印城"这个课题想要传达的真实意图——基于绘画的表现方式，凝练旅途中的个体思考。

　　我们每一次海外艺术实践都代表着长达半年的行前准备与半年的回程整理，六年六次的海外艺术实践不仅积累了大量的绘画作品，还形成了相对成熟的艺术实践教学方法。在这样的实践教学中我们最希望实现的是，让学生在本科低年级就有机会通过海外游历接触西方的人文、艺术、建筑这样一个综合的知识环境，再结合自身东方的传统与认知习惯，做到真正意义上的跨文化交流，

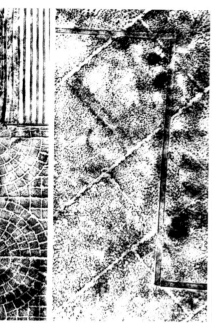

"印城西西里"拓片系列在展览中

这样的反差与融合才是激发学生自主思考与创新的最好课堂。

二、教学与创作的多种维度

2016年暑期，同济海外艺术实践团队师生启程前往罗马，开始为期近一个月的意大利海外艺术实践之旅。无论从历史角度还是从地理或文化角度，亚平宁半岛与其周边的岛屿这块紧凑土地中所蕴含的丰富与多元是我们在旅行中获得的最直观感受。在这位于地中海中心的土地上，有着巨大山脉、无垠丘陵、炽热活火山、星罗般岛屿，还有那些与自然同样伟大的城市、群星闪耀的文明史，全都是震撼我们知觉的元素，震撼到我们无所适从、无法落笔，我们只能尽所能观察一切，竭尽全力思考，相互分享、议论、吸收。笔下绘出的每一根线条和每一笔颜色都有着很重的分量。

从多维度阅读城市是此行的主题。初到罗马时，同学们就发出了"罗马非一日建成"的感叹，他们的旅行日记真切地记录了那些创作过程中的思考：

罗马是我们的第一站，无论是古罗马遗迹的残垣断壁，还是文艺复兴巴洛克的教堂雕塑，抑或是墨索里尼时期罗马新城的规划，都大大区别于我们在国内写生实习的认知和传统体验。我们面对的一个问题就是如何转译建筑语言，与画作结合，同时反映自己的内心世界。这是一个艰难的摸索的适应阶段。

（一）读城

古罗马时期建筑和遗迹给学生们的冲击是直接而强烈的，昔日辉煌的城市在岁月侵蚀下洗尽铅华袒露在我们眼前。巨大的尺度、沧桑的氛围以及空气中弥漫的废墟气息告诉我们，这就是古罗马。无论罗马

有什么样的历史，我们看到的还是罗马的现在。虽然有过法西斯式的新城，但罗马依旧要面对新与旧的对立与融合。在扎哈·哈迪德的当代艺术馆中，我们找到了扎哈眼中的罗马，而我们要做的就是找到自己眼中的罗马。

在穿梭跨越千年的文化积淀中时，如何在当代语境下观察城市？这是我们以"读城"为命题的一种教学方式。同样的城市景象在不同的画布上必然会有不同的表现。城市的阅读是多维度的，也是碎片化的，因为对于城市信息的细枝末节的吸收和挑选完全是个体化的。正如我们的同学们所说，在密集的参观和考察后，最终他们得到的是"自己眼中的罗马"，而这个非常自我的"罗马"感知自然成了他们日后的创作素材。

（二）读事

没有对于人与生活的细致观察是无法理

解城市地域与文化的，那不勒斯是能让人强烈浸染当地生活气息的城市，可能是有点混乱，并不整洁甚至有些肮脏，但这个散发着浓重生活气息的城市就是具有一种魔力，让人觉得仿佛这里就如同自己家乡一样亲切。在那不勒斯，只需两天，即便是游客也会立即被染上当地人的气息。这里有庞贝和维苏威，一个早已无人居住的空城和一座依然活跃的火山。在庞贝城里，巨大尺度的遗迹消失了踪迹，有的只是成片的住宅、店铺以及古罗马的街道。同学们在日记里这样写道：

这些作为现代城市源头的元素我们并不陌生。而当这一切被灾难所吞没，遗留下的只有残垣断壁以及挣扎着的化石般的遗体时，相信任何人都会产生一些对于生命的感触。

自然灾害后的城市遗址是一条贯穿始终的主题线索，这条线索由事件激发，从火山灰掩埋的庞贝城开始，一直延续到西西里岛上被地震摧毁的城市与乡村，这便是"读事"所要关注的创作主题线索。在罗马、那不勒斯、西西里岛，同学们看到的是置于不同时代历史背景中的不同灾难性事件，这些事件所导致的结果是能真切地触摸到的：大规模的遗址修复现场、灾后废弃的无人城市、旧址重建的大地艺术作品，还有为了重生而异地重建的现代城镇……在同学们画布上，现实中叠加着历史，画面中叠加着情感，色彩赋予着精神意味。

（三）转译

在西西里岛，师生共同创作"印城西西里"的宣纸拓印系列。在希拉库萨这个位于半岛上的古城里蕴涵着深厚历史的丰富肌理激发起了大家的创作欲望，我们用拓印工具浸入进城市肌理之中。那些现实存在但又深具历史纬度的盐蚀墙壁、井盖、拼花地砖、石砌柱础，呈现出画笔无法捕捉到的美妙肌理与印记，宣纸上的黑墨显现着地中海的城市印记，东西方文化于此交汇呈现出了作品的当代性。这个系列在随后的希拉库萨建筑学院展出时被完整地呈现出来。

（四）美术实习的新拓展

2017年2月，同济大学建筑与城市规划学院2015级历史建筑保护工程专业学生20人在老师带领下再次远赴威尼斯，开展了为期两周的艺术实践之旅——威尼斯写

在卡特隆府邸大厅最终评图

生。整建制班级在海外进行美术实习于我们学院尚属首次。与上一次意大利之行不同的是，本次艺术实践的系列讲座安排在行程前端，内容多样而紧凑的专题讲座包括了水城威尼斯城市与建筑的历史文化脉络、威尼斯规划设计变迁、建筑与旅行的关系等，让学生深入全面地了解此次海外艺术之旅的认知对象和观察路径，为此后的写生打实基础。

接下来的十多天的时间里，在老师的指导下，同学们全面投入现场写生。写生大致分为两个阶段展开：第一阶段为类型训练，对特定的景观元素或空间类型展开专项训练，比如街巷景观、水的质感、城市色彩特征和空间格局特点等。这一阶段主要从技术角度入手，同时进行对威尼斯地域特征的捕捉与提炼、对色调的把控以及构图能力的培养。同学们以画笔为工具，从不同视角、不同层面探索威尼斯的"场所精神"。在此之后，写生进入第二阶段，即要求同学们在作品中逐渐展现自身的个人感悟或独特的视角，因而教学重点从侧重技巧的训练转向创作风格的呈现。实践安排与前一次旅行相似，基本上是白天在城市开放空间中绘画写生，晚上师生共同进行评图与交流。最后，我们在威尼斯建筑大学的规划系系馆，建于16世纪的历史建筑卡特隆府邸（Ca'Tron）充满艺术氛围的恢宏大厅中，进行了中意教授和专家的联合评图。到场的意大利评委嘉宾对同济大学的学生所展现出的美术功底和对威尼斯城市特征的把握能力赞赏不已。

三、结语

除了绘画技巧的训练之外，激发学生们创作热情和敏锐的发现能力以及对现实生活的独特感受，并在此基础上展开不同工具材料的挖掘运用和艺术表现，这是我们同济海外艺术实践多维度教学展开的最重要目的。草·美

田唯佳　同济大学建筑与城市规划学院助理教授
阴佳　同济大学建筑与城市规划学院教授
周鸣浩　同济大学建筑与城市规划学院副教授

学生系列写生作品

展厅

一个空间五种理念
——英国伦敦特拉法加广场 "第四基座" 候选作品展

文 / 高立萍

　　建于1805年的特拉法加广场位于英国伦敦市中心，是伦敦乃至全英人民纪念聚会、节庆和举行政治示威的场地。广场四周，历史建筑鳞次栉比。广场中央设立了纳尔逊纪念碑和青铜群狮像，象征着日不落帝国曾有的辉煌历史。广场有四个基座，其中三个立有传统的人物雕像，唯独西北角的第

四基座因资金短缺空缺了150年。

　　自1999年以来，"第四基座"成为英国最独特的展台，被用来轮流展示世界最前沿的当代雕塑艺术作品。其展出的作品有着极高的社会关注度，民众的参与热议，以及展品的不确定性也激发起大众对当代艺术关注的热情。

　　"第四基座"展评是英国最著名的公共艺术项目。隶属于伦敦市政府的第四基座委员会邀请不同的艺术家创作出几幅作品进行展示和公众评选，从中选出放置在基座上的公共艺术作品。今年入围的五件作品分别来自美国、印度、墨西哥和英国。五件作品的方案模型日前在广场北部国家美术馆内展出。

←

无题 Untitled
胡玛—芭芭（Huma Bhabha）

这个巨大宏伟的雕塑由青铜制成，这里展示的是用棕色软木和白色聚苯乙烯制成，外表以印象派绘画的方式进行了粗糙的涂抹。普通材质和手工雕刻的结合显示出原始艺术质朴粗糙的一面，以及科幻电影中外星生物的造型前卫的一面。这种过去和未来的叠合产生了一种超越时空诗意般的美。她的创作显然受到非洲艺术、毕加索、罗丹和其他20世纪早期艺术的启发。可以想象，这个陌生而熟悉的超级英雄形象和特拉法加广场伤传统的人物雕塑会产生多大的视觉对比和强烈的视觉冲击。

胡玛–芭芭是巴基斯坦裔美国艺术家，现居纽约。

胡玛–芭芭《无题》

→

更高 Higher
达米安·奥尔特加（Damián Ortega）

"我喜欢去深究大众普及知识和普通工程学的智慧。"

"更高"用日常生活中货车、筒罐、脚手架和梯子叠加组成了高而陡的不规则结构，造成了视觉上的不平衡和脆弱感。正如儿童把色彩鲜艳的玩具一件件堆高一样，我们最初的反应是"更高"是有趣危险的，好像一触即倒。而后在我们认识到我们被欺骗之前，这种漫不经心的结构是巧妙安排和被

设计的，雕塑是安全和可靠的。奥尔加特所关注的正是人类在面对问题时有趣的解决方案。公共雕塑通常非常巨大，所以人们可以远距离观看，而"更高"就是蓄意地加强这种对比。这一作品也承了他创作雕塑作品时依赖于每日的观察，把眼睛可以看到并引人联想的一定范围可视的视觉资源融汇到一起的创作方式。

达米安·奥尔特加是墨西哥艺术家。

达米安·奥尔特加《更高》

"结束是在冰淇淋上的樱桃和在樱桃和冰淇淋更上面的寄生物。"

希瑟·菲利普森《结束》

"辛那赫里布，世界之王、亚述之王，拥有尼尼微内外，重筑与山齐高的辉煌。"
——译自尼尼微的奈尔迦尔门拉玛苏背面铭文

迈克尔·拉克威茨《隐形的敌人不应该存在》

结束 The End
希瑟·菲利普森 (Heather Phillipson)

"结束"计划使用玻璃钢制成一大堆冰淇淋甜点，冰淇淋上顶着一颗新鲜樱桃。一只苍蝇趴在冰淇淋上，而樱桃之上是一个正在旋转的飞行装置，持续不断地发出轰鸣声。作品将伴有一架带有摄像头的无人机，如果这一作品最终入选，观众可以通过手机观看特拉法加广场上空的实时画面。这种和周围环境反差强烈的设计引发人的好奇心，并能在和游客的互动中，揭示出其内在的涵义。为了纪念英帝国曾经最辉煌时代的特拉法加广场现在成为一个巨大的开放式空间，满载着旅游和纪念和庆祝以及抗议的人群。这个雕塑努力去定位这个特定物体在广场的环境背景，同时考虑到更深广的意识形态上的一面。我们如何在这样一个空间里协调谈判集会、亲疏关系的个人体验、广泛散播和监控等不同方面？"结束"象征着充沛而溢和焦虑不安。最高处承载着巨大不稳定的负荷暗示了社会和环境的贪婪自大和挥霍无度随时处于即将坍塌的边缘。

隐形的敌人不应存在 The Invisible Enemy Should not Exist
迈克尔·拉克威茨（Michael Rakowitz）

"隐形的敌人不应该存在"再创了一个古代亚述时代的牛身飞翼人面雕像拉马苏。

拉马苏是一个公元前700年建造的有翼的公牛保护神，耸立在尼尼微的奈尔迦尔门入口。这一雕像在2015年在伊拉克摩苏尔博物馆被"伊斯兰国"毁坏。第四基座大约14英尺高，这也是拉马苏的尺寸。

原始的雕像是大理石雕刻，这一作品将利用可回收的年代糖浆罐制作，象征着曾经引以为傲的伊拉克人的文化和工业在战争中像这头牛一样被损毁。在特拉法加广场重建拉马苏意味着这一雕塑能重新像守护者一样承载尼尼微的过去，现在和未来，甚至是难民或鬼魂希望有一天能重回伊拉克。

这一作品的意义在于，它不是简单的重塑文物，而是象征着战争给人类文明带来悲剧性的摧毁。

迈克尔·拉克威茨是来芝加哥的美国艺术家。

皇帝的旧衣 The Emperor's Old Clothes
Raqs 媒体小组（Raqs Media Collective）

"皇帝的旧衣"是一件帝王的长袍，它比生活中的尺寸要更大，由白色的玻璃纤维制成，舍弃空虚的躯体。这件作品的灵感来自于印度德里加冕公园内一尊大英帝国殖民统治时期的雕像。去除人物的躯体，仅留下一件长袍，就像帝王留下的王权一样。作品运用雕塑语言去看待权力在雕塑中存在和不存在的对立关系，带有一定的哲学意味。

如果所有围绕着特拉法加广场的基座全都空了会怎样？特拉法加广场所展示的是曾经掌握权力的"英雄"的力量。而今基座上的雕塑不仅仅考虑孔武有力的英雄的所带来的人类遗产，它也展示了成千上万的普通人，他们相遇和过去的时光。这一作品鬼魅般的空灵和脱离感增强了这一力量的存在感。这件傀儡式的长袍代表了过去，也警示着未来。

Raqs媒体小组由三位印度艺术家Jeebesh Bagchi, Monica Narula 和Shuddhabrata Sengupta在1992年组建。

象征性的力量凝固在广场的石头中将会怎样？

Raqs 媒体小姐《皇帝的旧衣》

作品点评

这五件作品风格迥异，各有特色，展示了文化上的多元化。然而艺术作品放入特定环境中就不仅仅是独存的一件艺术品，这就是环境艺术所要探讨的话题。

在我看来胡玛-芭芭的作品《无题》放在现代建筑林立的纽约背景下展现出来的震撼更具有史诗般末日悲凉的意境和壮观，放在传统建筑雕塑背景下的特拉法加广场略有可能无法凸显作品自身的力量。

达米安·奥尔特加的作品《更高》有趣活泼，色彩鲜艳，是几件作品中最夺人眼球的作品。放置在广场中无论视觉效果还是对比来说都更为醒目。只是作品和其他作品相比可挖掘的深度不够，所能带来的话题讨论和互动略少。

希瑟·菲利普森的作品《结束》看似无厘头，却采用了隐喻的方式，也考虑到广场本身的意识形态，并独具创新的运用新科技和广场的观众产生互动，表达了当今社会"眼睛无所不在"的社会现状。这个作品的吸引力和话题性比较符合基座作品选拔的主题，估计会被英国大众所接受和认可。

迈克尔·拉克威茨的《隐形的敌人不应存在》也是极具竞争力的作品。结合当今世界上的热点、伊斯兰文明、战争、文物保护和难民、恐怖袭击等话题，这件艺术作品所带来的思考和社会影响力有其深重的意义。

Raqs媒体小组的《皇帝的旧衣》是对殖民文化、帝国时代、权力的哲学性的反思，无论艺术性还是深度上都意味深远。只是这一话题虽具深度，却广度不够，属于印英两国的反思，似乎不是当今世界性话题的焦点。我更希望这件作品安置在高雅安静的场所，可以让人深思。葆·美

高立萍　旅英海外艺术家、设计师

永恒建筑
——洛杉矶科学与应用技术研究中心设计

文 / 彭奕雄 美国 RoTo ARCHITECTS INC.

在一个研究中心内为不同的研究领域、不同的学科专业，甚至是来自不同国度的专家、学者、教授、学生，提供既可以进行各自的教学、研究工作，又可以无阻隔的相互交流与聚会，这样的空间环境会是什么样子的？

一、设计来源

（一）空间网络——丝绸之路

著名的丝绸之路在我看来它并非仅是一条"商道"，而是一个越山川、涉沙漠、连城镇、过关隘的通商网络。如果仅是考量货物贸易总量与往来的商贾数量，丝绸之路或许未必是历史上交通流量最多的通商路线，但丝绸之路之所以载入史册，成为人类历史上的壮举，很大程度上是因为通过丝绸之路使东西方及覆盖和辐射的区域文化、宗教、技术等人类文明通过穿行于此的人们得以广泛的传播和交流，由此留下了影响世界历史的浓郁痕迹。我构想的这个科学与应用技术研究中心就是现代多层意义属性的空间网络。

（二）改变和保护

21世纪是信息的时代，未来人们要创造的世界可能已经和预期有了很大的不同。通过信息技术的发展、文化交流和教育的普及，人类认识世界的发展理念正在进行转变，并且向探索往未知的方向进行发展。探索未来人类生活新方式的同时又继承、发展传统的文化底蕴，决定了需要我们要拥有更加开放的思想，通过跨学科和多元化的合作来实现。

（三）玩"游戏"

现今工作与娱乐已经不再是格格不入的两个生活内容了，如何将工作与娱乐相互融合，给人提供教育和职业的拓展，从而最大化的经济效益将是未来城市发展的新趋势。通过对游戏的研究，无论是传统的游戏，还是最流行的网络游戏，主要分成两大类型：无限循环类游戏和有限发展类游戏。我认为作为一个建筑师可以将游戏所具有的特征和科学属性应用在城市与建筑设计中，我将所设计出的多属性空间类比一个有限发展的游戏环境空间，而这个空间能够提供人与人之间的多种类型的交流，如同一个无限循环的游戏，通过不同文化，不同种族，不同学科，不同的教育水平，甚至不同目的的人在一个有限的环境里进行着没有障碍的交流，将会对未来社会发展，产生无限而又积极的作用。

二、设计解读——洛杉矶科学与应用技术研究中心

（一）设计目标——创意的孵化器

我的目标是为互相混合的学科，创造出一个实体网络和虚拟网络所连接的空间。它既不仅是培训、研发基地，也不是传统意义的企业，而是教育和生产创新产品，为社区提供最大化的服务，丰富城市环境以及社会的经济环境。

（二）设计说明

作为全世界文化、科学、技术、体育、国际贸易和高等教育中心之一，洛杉矶市拥有世界知名的各种专业和文化领域机构。洛杉矶市也是美国西岸的贸易、运输、物流、仓储产业的中心，是全美国最大的海港所在地。同时是美国仅次于纽约的第二大城市经济体。其地理环境、历史文化、经济实力和通信枢纽为洛杉矶科学与应用技术研究中心提供了不可替代的硬件支持。该中心分别由核心研究所、实用技术学院、文化中心和技术实验中心所组成。中心所面向各个类别的专业研究人员、受训者和专业访学者、参观者。

1. 核心研究所

核心研究员主要活动与使用的空间为核心研究所，位于整个场地的中心，该研究所面向所有的科学家、程序员和学者，对艺术和科学领域进行最核心的理论性研究。通过空间的分割与避让，产生相对独立和私密的空间，避免核心研究人员受到外界的干扰。在这里所产生的研究结果会通过先进的传输方式，最快时间发送给实用技术学院。

2. 实用技术学院

实用技术学院由产品分析师、程序设计员、计算机技术人员和有经验的管理员等各类人员所组成。他们将获得核心研究的成果应用在实用技术生产中，并推向市场。实用技术学院由三种尺寸的模块化实验室和充满工业气息的大型构架所组成，根据不同的学科或产业进行分类排布。实用技术学院的位置在整个场地接近入口的地方，访客可以最短时间进入到这些实用技术实验室参观。实用技术人员和外来访客也可以互相交流经验，并且将交流后的数据和市场信息传输回核心研究所。除了通过覆盖整个区域的无线网络传输信息，在必要的时候可以通过环绕在核心研究所的机械臂取出其中的实验室安

插在核心研究所的实验室大型构架，最有效地将市场反馈和实用研究数据在核心研究所进行信息交换。

3. 文化中心

为了让访客更好地体验实用技术学院的成果，研究中心还提供了包括了露天演示中心、电影院、移动式剧院、IT工作室、会议室、影音编辑室和交互中心等设施。由于模块化的设计，所有的组件都能单独取出并且移动到不同的地点进行产品的宣传，以得

图 1 研究中心总览
图 2 研究中心平面图
图 3 核心研究所平面图
图 4 核心研究所内部

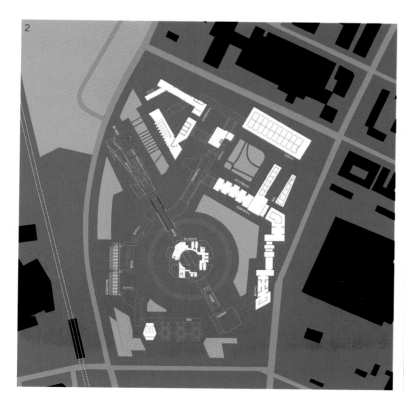

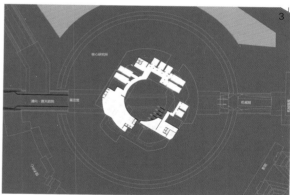

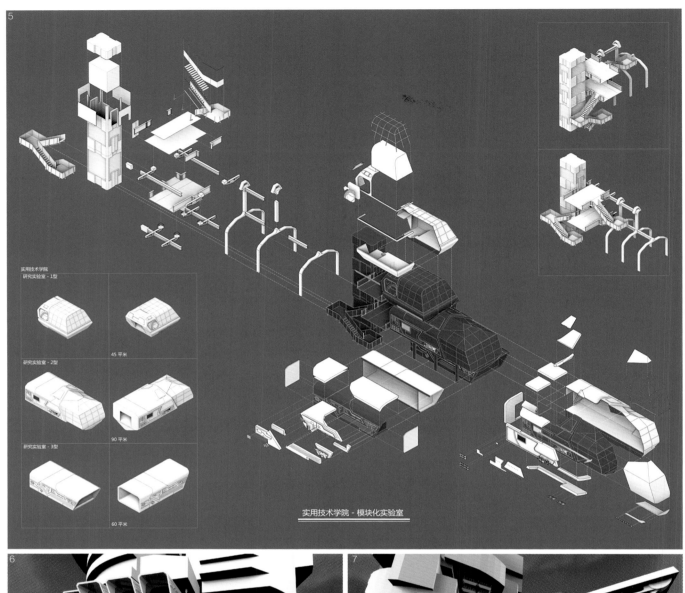

5

实用技术学院
研究实验室 - 1型

45 平米

研究实验室 - 2型

90 平米

研究实验室 - 3型

60 平米

实用技术学院 - 模块化实验室

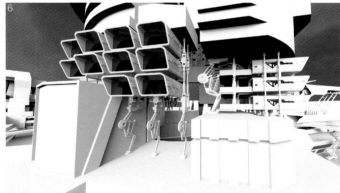

6

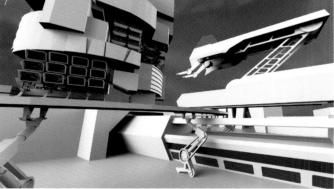

7

图 5 模块化实验室分析图
图 6 实验室构架
图 7 机械臂

到更多元的信息回馈。

4. 技术中心

为了保证以上各个功能完善链接，保持资讯传输、信息共享的顺畅。技术中心提供一切硬件与软件上的支持。而实用技术学院的程序设计员、计算机技术人员也可以同时培训工作在技术中心的成员，保障了技术中心获取到最先进的技术来维护研究中心整体高效的运作。

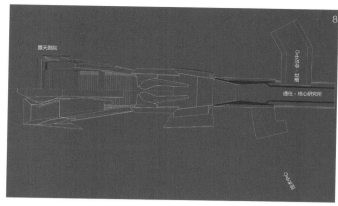

三、设计影响

（一）无限发展

由纯理论性质的众多研究部门所组成的核心研究所并没有特定的最终产品目标，只是单纯地进行科学或者艺术理论研究，将所有的理论成果、研究方式、项目计划提供给实用技术学院进行产品化、应用化。这些产品与应用会即时与来到文化中心的访客进行分享与交流，访客也将自己对于该产品或应用的使用经验提供给技术中心的研究员并且反馈给核心研究所，以帮助他们改善自己的理论研究方向。技术中心提供了所有传输信息的形式、提供图书馆、计算机实验室、人员供应、饮食生活的需要。技术中心扮演着将核心研究所和普通访客所联系起来的桥梁。这一切所产生的交流就是在进行着无限循环的发展。

（二）有限发展

在物理环境中，建筑为文化交流提供最大化但有限的支持，毕竟由于科技的发展、材料的更新、文化与的进步使得建筑物成了拥有有效时间的产品。通过模块化的设计和最新科技的应用，建筑具有了可变化的可能。建筑空间变成单一的细胞，可以拆分也可以进行重组，可以固定在一个区域，也可以运输到不同的地方。由于这些小的"空间"承载着不同的专业与学科，可以自由出现在不同的环境中，无限的交流也就产生了。

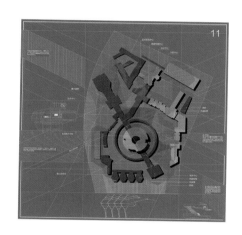

图 8 露天剧院平面图
图 9 技术中心
图 10 场地剖面图
图 11 功能详解平面图

四、结语——我们从何处来？我们是谁？我们向何处去？

保罗·高更于1897年完成的这幅油画展现了他对人生和艺术的见解，整个画面代表了人的一生，从生机勃勃的婴儿所代表的生命的开始到举起双手的暗蓝色雕像暗示着人生无法避免的死亡。

到底什么是永恒的？

我们现在所生活的环境中，很多事物都有一定的周期，建筑材料在一定时间内就失去了原有的特质，人类对于空间的需求会根据时代的发展而进行不同的变化，比如21世纪的会议室设计和20世纪中期的会议室就有很大的不同，作为建筑师在现在科技高速发展的环境下，如何设计出合理的、超前的、长久的建筑变成现在非常流行的课题。彼得·库克（Peter Cook）所设计的插件城市（Plug-In City）就是一个很好的例子，建筑可以移动到不同的城市，甚至是不同的国家，这就意味着国界不再重要。城市和国家每天都在变动，城市的面貌每天都会更新，人们不再纠结于种族、地区差异所带来的影响。

如同这个设计项目，永恒代表着无限循环的"沟通"，为了实现这个目标，建筑自身进行着发展和变化，如同人类社会的发展。如果建筑师能够坚持将促进文化包容、摒弃将界、提高科技发展的理念融入设计中，那必然会产生永恒的作品。荟·美

彭奕雄　美国 RoTo ARCHITECTS INC 建筑设计师

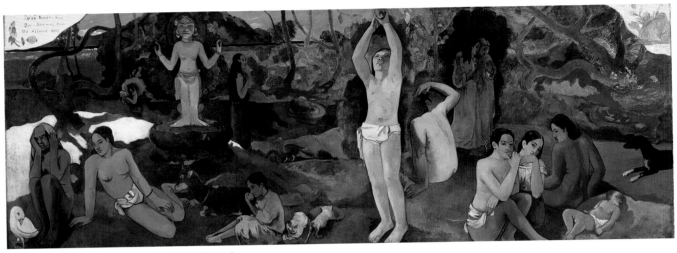

图12　高更《我们从何处来？我们是谁？我们向何处去？》

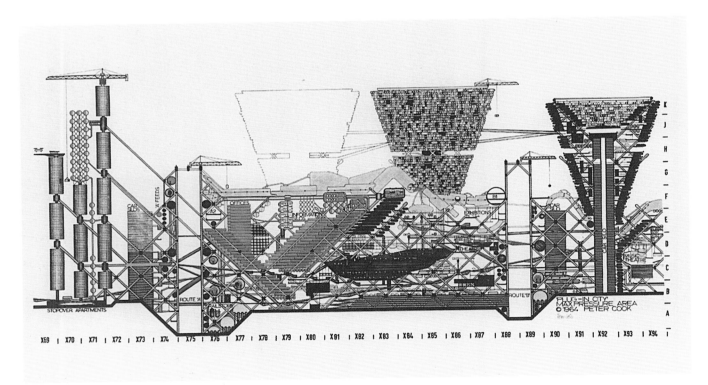

图13　插件城市

筑美资讯
Information

of
Architecture

1

中国建筑与艺术学科师生赴海外
进行学术交流与艺术实践

文／任雅雯　路小艺　殷殷

为贯彻落实教育部《国家中长期教育改革和发展规划纲要（2010—2020）》精神和实施《教育规划纲要》着重提出的"扩大教育开放"策略，为全面提升我国艺术学术研究与教学水平、并增强中华文化传播与建立民族自信文化自信，经过前期的深入考察，全国艺术专业学位研究生教育指导委员会、全国高等学校建筑学学科专业指导委员会美术教学工作委员会先后决定加入由中国教育国际交流协会和同济大学于2013年起合作推出的"高校艺术学科师生海外学习计划（Arts Abroad Project，英文简称AAP）"，并开启一系列中国师生赴海外进行学术交流与艺术实践项目，以举世瞩目的威尼斯国际建筑双年展与艺术双年展为开端，并在AAP海外学习中心（佛罗伦萨、墨尔本）为艺术师生带来更多丰富多彩的国际活动。

一、中国建筑学科师生优秀作品绽放威尼斯双年展

威尼斯双年展（La Biennale di Venezia）作为一个拥有上百年历史的艺术节，是全球最重要的艺术活动之一，并与德国卡塞尔文献展（Kassel Documenta）、巴西圣保罗双年展（The BienalInternacional de Sao Paulo）并称为世界三大艺术展，其资历在三大展览中排行第一，被人喻为艺术界的嘉年华盛会。威尼斯双年展所包含的国际视觉艺术双年展与建筑双年展分单、双年分别举行，2016年第15届威尼斯建筑双年展汇聚了来自世界各国的88位建筑师以及62个国家展方的展品及展览，本次展览主题是"来自前沿的报告（Reporting From the Front）"，由2016年普利茨克建筑奖获得者、智利建筑师亚力杭德罗·阿拉维纳（Alejandro Aravena）担任总策展人。

亚力杭德罗·阿拉维纳阐述该主题意在关注建筑与普通人民生活的联系，让建筑设计回到服务于大众的重要轨道上。他希望突出这个主题中"前线"的感觉，因为人民住房的供需冲突在世界很多地方都呈现出紧张的态势，故期望本届双年展能够揭示这一紧迫感和展示成功的解决方案。

在这一主题下，结合本届建筑双年展，由全国高等学校建筑学学科专业指导委员会美术教学工作委员会、中国教育国际交流协会（China Education Association for International Exchange，简称CEAIE）和同济大学在意大利威尼斯联合举办了"2016威尼斯建筑双年展——中国高等院校建筑学科师生优秀美术作品文献展"，此展为全国的建筑院校、艺术院校等相关专业师生提供了教学交流和展示学术成果的国际舞台。

本次展览由东南大学赵军教授、同济大学阴佳教授担任策展人，同时，与中央美术学院的王兵教授、清华大学的周宏智教授、天津大学董雅教授、西安建筑科技大学的薛星慧老师等共同组成了本次展览的评审组委会，并邀请中国民协中国建筑与园林艺术委员会执行副主任闫向军教授担任特邀顾问。来自清华大学、东南大学、同济大学、天津大学、重庆大学、哈尔滨工业大学和西安建筑科技大学等全国各地71所建筑与艺术院校的114位学生的作品入选本次展览，经过组

图 1~图 3 威尼斯双年展中国现场

委会的精心评选，58幅优秀学生作品脱颖而出。此外，82幅优秀教师作品也被展出，这些优秀作品均来自国内各大院校建筑与环境设计等学科的教师。

本次展览为全国建筑学学科专业指导委员会美术教学工作委员会打造的中国建筑与环境设计等相关学科高等教育最高水平的对外交流平台之一，是我国建筑等相关学科美术教学成果在国际专业平台上的一次集中呈现，旨在促进国内建筑学科与国际建筑界及建筑院校艺术教学的相互交流学习，为拓展我国建筑等相关学科美术教育未来发展提供一个最佳的机会和环境。策展人赵军教授和阴佳教授拟定的展览主题"有朋自远方来"呼应了中意两国友谊的源远流长。早在13世纪，威尼斯旅行家马可·波罗口述的《马可·波罗游记》就掀起了一股中国热，激发了欧洲人此后几个世纪的东方热。而此次中国建筑院校师生的美术作品来到威尼斯，更是激起无数外国友人和同行对中国艺术、建筑、人文的关注。

展览精品荟萃，创作内容立意深刻、形式多样、内容多元。从展出作品形式来看，有水彩画、国画、丙烯画、数码作品，甚至有黑白木刻版画、水印木版画；从作品内容来讲，有中国民间特色静物写生，也有自然风光、中国园林、传统民居、百姓生活，集中展示了我国建筑等相关专业的教学成果和艺术创作面貌。观展者被中国古今建筑与自然风光深深吸引，齐齐赞叹当代中国建筑与环境设计等相关学科师生较高的专业素养。

展览举办地欧洲设计学院（简称IED）作为欧洲最大的私立设计学院，有着悠久的历史、极高的国际声誉。中国建筑学科师生作品在威尼斯双年展期间的展出，引发了国际建筑界的关注，本次展览作为受国际关注的重要交流项目，亦成为我国建筑界同仁了解国际化艺术视野的窗口，将进一步推动国内与国际的交流与合作，促进我国建筑学科的发展及建筑国际人才的培养。

《A Showering View in the Bordering Town 边城阵雨》陈飞虎

参展作品

《梦中晨辉》翟星莹

《Destruction 》彭军

《Devotion 虔诚》（水彩） 傅凯

《Dream Landscape Series Three 梦山水系列 - 3》阴佳

《Holiday 假日》段渊古

《Impression_garden 印象·园林》孙云

《Old Building 老建筑》丁鹏

《Overlay 叠》胡炜

《The corner of Huize Jiangxi guild-hall 会泽江西会馆一角》（水彩）唐文

《The Miao ethnic village of Langde 郎德苗寨》蔡雪辉

《Traveller 旅行者》陈曦

《The Summer Palace in Beijing01 颐和园·画中游》周宏智

《Timely Snow 瑞雪》孟鸣

《View in Garden 庭院一角》赵慧宁

《Waterfront 水乡初晴》陈方达

《Yan Xia Dong-Hangzhou 杭州——烟霞洞》夏克梁

《Yimeng in Autumn 沂蒙民居》周鲁潍

《Water Town 水乡》王冠英

《北堡 3 号》郑庆和

《秋天的小溪》杨仁鸣

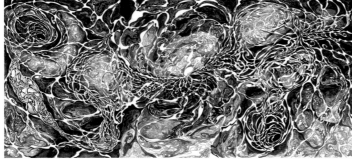

《无题》薛星慧

《西递村鸟瞰》赵军

《Fairy-tale Houses 童话般的房子》洪毅

《高士图系列／南山赋》李学斌

《五夫理象——武夷山五夫镇写生》王祖栋

《查济古村》靳超

二、中国艺术硕士赴意大利、澳大利亚交流收获丰硕

为了加强艺术硕士教学的国际交流与合作，推动中国艺术学科高等教育自上而下的改革，同时满足我国艺术学科学生海外学习与交流的需求，培养高素质国际化艺术人才，由同济大学中意学院、中国教育国际交流协会合作创办的"中国艺术高校师生赴意大利交流项目"在全国艺术专业学位研究生教育指导委员会的参与下开辟了"艺术硕士师生交流分项目"，项目内容包含学生定制小学期和师资访学，其中学生定制小学期分别于2016年7月、2017年1月开展了两期。

2016年7月的学生定制小学期录取了来自全国的近八十名学生赴意大利分别进行了六周、四周的海外学习。美术领域的学习主题为"油画、雕塑"，设计领域的学习主题为"视觉传达、时尚设计"，同学们分别在佛罗伦萨大学、佛罗伦萨国立美术学院、柏丽慕达时尚学院进行了学习。

史论课程采取室内理论教学与户外现场教学相结合的方式进行，老师们准备了丰富的资料为同学们讲解艺术史，并作了精彩的艺术品专业分析，为同学们提供了艺术学习和思维的新方法、新角度。专业课老师鼓励学生们保持自己的风格，追求思想自由、精神上的放松并不断地创新。写生课前老师都会准备与当天课程主题相关的大师画作分析、技法讲解、古今作品风格对比以及背后的社会发展因素分析等，下课之后也会为学生们分享对专业有益的课余资料和书籍。设计课程的老师们都是来自国际一线时尚品牌的设计师，他们为同学们带来了全球最前沿的时尚信息与资源，严谨又活泼的教学风格在师生间形成了如朋友一般的互动。

学生定制小学期还安排了多彩的艺术游学课程，并在佛罗伦萨和威尼斯两个城市进行。游学全程皆有佛罗伦萨大学和佛罗伦萨国立美术学院的老师带队现场讲解，威尼斯的艺术游学则由威尼斯国际大学的老师带队现场讲解，两个城市的游学均配有翻译为大家解决外语障碍。艺术游学课程以古典艺术和现代艺术相结合，例如乌菲茨美术馆是文艺复兴古典艺术收藏的代表，几乎称得上拥有世界上最好的文艺复兴时期绘画收藏品，而皮蒂宫则常年举办现代艺术展。此外，参观世界三大艺术展之首的第15届威尼斯国际建筑双年展成为本次游学的一大亮点。从佛罗伦萨到威尼斯，从绘画、雕塑到建筑，结

4

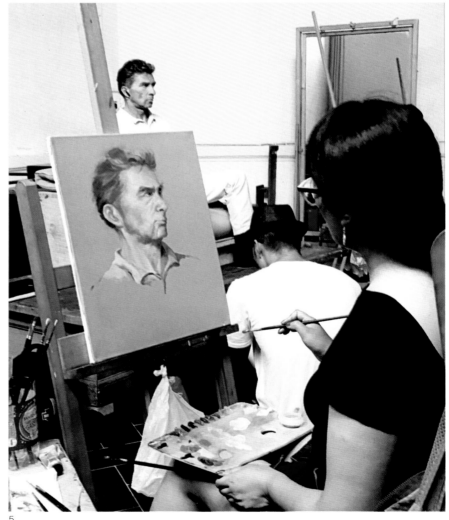

5

合今日意大利的当代艺术氛围，同学们更加
深刻地感受了西方艺术的传统与现代、形象
与概念的发展史。

期待全国建筑与艺术设计院校等相关学科
更多的师生能参与到这样的交流活动。童·美

任雅雯　路小艺　殷　殷
（CEAIE-AAP 全国管理办公室、同济大学
中意学院）

图 4 ~ 图 8 意大利小学

6

7

8

第四届全国高等院校建筑与环境设计
专业学生美术作品大奖赛金奖获奖作品

《繁花一夏》史珊珊，指导教师：朱军，北京建筑大学

《俯冲》谢祺铮，指导教师：沈颖，东南大学建筑学院

《圣彼得》黄文杰，指导教师：陈娟、张玉春，南京工程学院艺术与设计学院

《建筑馆午后》陈轶杰，指导教师：艾妮莎，内蒙古工业大学建筑学院

《风景写生》王宁、秦天悦、于昊川、李若旃、李树人、方姜鸿，指导教师：于幸泽，同济大学建筑与城市规划学院

《威海随笔 2》王瑞堂，指导教师：张志强，山东建筑大学艺术学院

《伏见稻禾大社》王丹艺，指导教师：徐桂香，北京林业大学园林学院

《逍遥游》江灯，指导教师：袁柳军，中国美术学院建筑艺术学院

《小镇夜景》张冬雨，指导教师：李汉琳、常成，中国美术学院建筑艺术学院

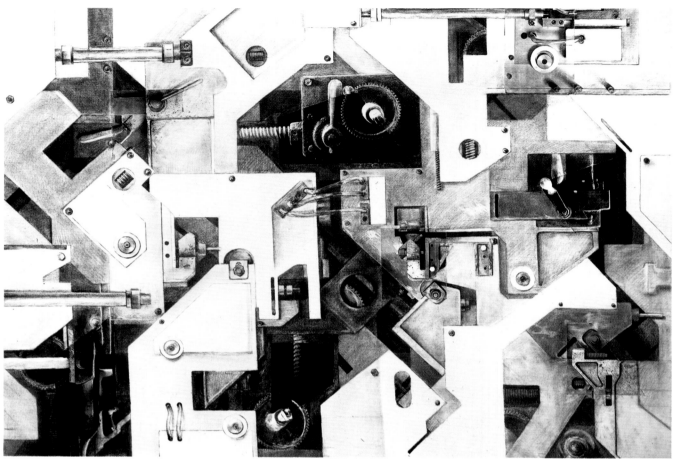

《交响》刘佳敏，指导教师：张应鲲，南京艺术学院工业设计学院

《线性建筑手绘》苏心悦、王紫薇、张梦丽、郭萌，指导教师：顾素文、张姝，天津大学仁爱学院

《小径》穆燕宁，指导教师：高汶漪，北京林业大学园林学院